范例导航系列丛书

Photoshop CC 中文版平面设计与制作
(微课版)

李 军 编著

清华大学出版社
北 京

内 容 简 介

Photoshop CC 是一款功能强大的平面设计软件。本书以通俗易懂的语言、翔实生动的操作案例，全面介绍了 Photoshop CC 中文版基础入门、图像文件的基本操作、图像操作、图像选区的应用、修饰与修复图像、调整图像色调与色彩、使用颜色与画笔工具、图层及图层样式、文字工具、通道与蒙版、矢量工具与路径、滤镜的应用、动作与任务自动化、网页切片与输出以及图像设计与制作案例解析等内容，加之精挑细选的实用技巧，可使读者对书中内容融会贯通、举一反三，制作出精彩、完美的设计作品。

本书适用于学习 Photoshop 的初、中级读者，适合图形图像设计师、平面广告设计师、网络广告和动漫设计师参考学习使用，同时也可以作为大、中专院校和社会培训机构的教学与辅导用书。

图书在版编目(CIP)数据

Photoshop CC 中文版平面设计与制作：微课版/李军编著. —北京：清华大学出版社，2021.1
(范例导航系列丛书)
ISBN 978-7-302-56980-0

Ⅰ. ①P… Ⅱ. ①李… Ⅲ. ①平面设计—图像处理软件—高等学校—教材 Ⅳ. ①TP391.413

中国版本图书馆 CIP 数据核字(2020)第 231955 号

责任编辑：魏 莹
装帧设计：杨玉兰
责任校对：李玉茹
责任印制：杨 艳

出版发行：清华大学出版社
   网 址：http://www.tup.com.cn, http://www.wqbook.com
   地 址：北京清华大学学研大厦 A 座   邮 编：100084
   社 总 机：010-62770175   邮 购：010-62786544
   投稿与读者服务：010-62776969, c-service@tup.tsinghua.edu.cn
   质量反馈：010-62772015, zhiliang@tup.tsinghua.edu.cn
   课件下载：http://www.tup.com.cn, 010-62791865
印 装 者：三河市金元印装有限公司
经 销：全国新华书店
开 本：185mm×260mm   印 张：22   字 数：532 千字
版 次：2021 年 1 月第 1 版   印 次：2021 年 1 月第 1 次印刷
定 价：85.00 元

产品编号：087705-01

致 读 者

"范例导航系列丛书"将成为您"快速掌握电脑技能，灵活处理职场工作"的全新学习工具和业务宝典，通过"图书+在线多媒体观频教程+网上技术指导"等多种方式与渠道，为您奉上丰盛的学习与进阶的盛宴。

"范例导航系列丛书"涵盖了电脑基础与办公、图形图像处理、计算机辅助设计等多个领域，本系列丛书汲取目前市面上同类图书的成功经验，针对读者最常见的需求进行精心设计，从而让内容更丰富、讲解更清晰、覆盖面更广，是读者首选的电脑入门与应用类学习及参考用书。

热切希望通过我们的努力不断满足读者的需求，不断提高我们的图书编写与技术服务水平，进而达到与读者共同学习、共同提高的目的。

一、轻松易懂的学习模式

我们遵循"打造最优秀的图书、制作最优秀的电脑学习视频、提供最完善的学习与工作指导"的原则，在本系列图书编写过程中，聘请电脑操作与教学经验丰富的教师和来自工作一线的技术骨干倾力合作，为您系统化地学习和掌握相关知识与技术奠定扎实的基础。

1. 快速入门、学以致用

本套图书特别注重读者学习习惯和实践工作应用，针对图书的内容与知识点，设计了更加贴近读者学习的教学模式，采用"基础知识学习+范例应用与上机指导+课后练习与上机操作"的教学模式，帮助读者从初步了解到掌握再到实践应用，循序渐进地成为电脑应用高手与行业精英。

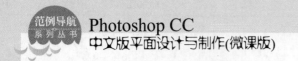
2. 版式清晰、条理分明

为便于读者学习和阅读本书，我们聘请专业的图书排版与设计师，根据读者的阅读习惯，精心设计了赏心悦目的版式，全书图案精美、布局美观，读者可以轻松完成整个学习过程，进而在愉快的阅读氛围中快速学习、逐步提高。

3. 结合实践、注重职业化应用

本套图书在内容安排方面，尽量摒弃枯燥乏味的基础理论，精选了更适合实际生活与工作的知识点，每个知识点均采用"基础知识+范例应用"的模式编写，其中"基础知识"的操作部分偏重于知识学习与灵活运用，"范例应用与上机操作"主要讲解该知识点在实际工作和生活中的综合应用。此外，每章的最后都安排了"本章小结与课后练习"及"上机操作"，帮助读者综合应用本章的知识进行自我练习。

二、易于读者学习的编写体例

本套图书在编写过程中，注重内容起点低、操作上手快、讲解言简意赅，读者不需要复杂的思考，即可快速掌握所学的知识与内容。同时针对知识点及各个知识板块的衔接，科学地划分章节，知识点分布由浅入深，符合读者循序渐进与逐步掌握的学习规律，从而使学习达到事半功倍的效果。

- **本章要点**：在每章的章首页，我们以言简意赅的语言，清晰地表述了本章即将介绍的知识点，读者可以有目的地学习与掌握相关知识。

- **操作步骤**：对于需要实践操作的内容，全部采用分步骤、分要点的讲解方式，图文并茂，使读者不但可以动手操作，还可以在大量的实践案例练习中，不断提高操作技能和经验。

- **知识精讲**：对于软件功能和实际操作应用比较复杂的知识，或者难以理解的内容，进行更为详尽的讲解，帮助您拓展、提高与掌握更多的技巧。

- **范例应用与上机操作**：读者通过阅读和学习此部分内容，可以边动手操作，边阅读书中所介绍的实例，一步一步地快速掌握和巩固所学知识。

- **课后练习与上机操作**：通过此栏目内容，不但可以温习所学知识，还可以通过练习，达到巩固基础、提高操作能力的目的。

三、精心制作的在线视频教程

本套丛书配套在线多媒体视频教学课程，旨在帮助读者完成"从入门到提高，从实践操作到职业化应用"的一站式学习与辅导过程。读者在阅读本书的过程中，可以使用手机网络浏览器或者微信等工具，扫描每节标题左侧的二维码，即可在打开的视频界面中实时在线观看视频教程，或者将视频课程下载到手机中，也可以将视频课程发送到自己的电子邮箱随时离线学习。

四、图书产品与读者对象

"范例导航系列丛书"涵盖电脑应用各个领域，为读者提供了全面的学习与交流平台，适合电脑的初、中级读者，以及对电脑有一定基础、需要进一步学习电脑办公技能的电脑爱好者与工作人员，也可作为大中专院校、各类电脑培训班的教材。本套丛书具体书目如下。

- Office 2016 电脑办公基础与应用(Windows 7+Office 2016 版)(微课版)
- Dreamweaver CC 中文版网页设计与制作(微课版)
- Flash CC 中文版动画设计与制作(微课版)
- Photoshop CC 中文版平面设计与制作(微课版)
- Premiere Pro CC 视频编辑与制作(微课版)
- Illustrator CC 中文版平面设计与制作(微课版)
- 会声会影 2019 中文版视频编辑与制作(微课版)
- CorelDRAW 2019 中文版图形创意设计与制作(微课版)
- Office 2010 电脑办公基础与应用(Windows 7+Office 2010 版)
- Dreamweaver CS6 网页设计与制作
- AutoCAD 2014 中文版基础与应用
- Excel 2010 电子表格入门与应用
- Flash CS6 中文版动画设计与制作

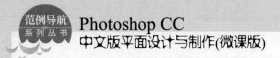
- CorelDRAW X6 中文版平面设计与制作
- Excel 2010 公式·函数·图表与数据分析
- Illustrator CS6 中文版平面设计与制作
- UG NX 8.5 中文版入门与应用
- After Effects CS6 基础入门与应用

五、全程学习与工作指导

　　为了帮助您顺利学习、高效就业，如果您在学习与工作中遇到疑难问题，欢迎来信与我们及时交流与沟通，我们将全程免费答疑。希望我们的工作能够让您更加满意，希望我们的指导能够为您带来更大的收获，希望我们可以成为志同道合的朋友！

　　最后，感谢您对本系列图书的支持，我们将再接再厉，努力为读者奉献更加优秀的图书。衷心地祝愿您能早日成为电脑高手！

编　者

前　言

Adobe Photoshop 是由 Adobe Systems 公司开发和发行的图像处理软件。Photoshop 主要处理以像素构成的数字图像，是目前世界上最优秀的平面设计软件之一。Photoshop 广泛应用于广告设计、图像处理、数码摄影、图形制作、影像编辑和建筑效果图设计等诸多领域。为帮助读者快速地了解和学会图像编辑与处理，以便在日常的学习和工作中学以致用，我们编写了本书。

一、购买本书能学到什么

本书在编写过程中根据电脑办公人员学习的习惯，采用由浅入深的方式讲解，通过大量的实例讲解深入剖析了图像设计与制作的方法及技巧。全书结构清晰、内容丰富，共分为 15 章，主要内容包括 5 方面的知识。

1. 基础入门

第 1～4 章介绍了 Photoshop CC 中文版基础入门、图像文件的基本操作、图像操作以及图像选区的应用等方面的知识与方法。

2. 图像调色

第 5～7 章讲解了修饰与修复图像、调整图像色调与色彩、使用颜色与画笔工具方面的知识与技巧。

3. 图像抠图

第 8～11 章详细介绍了图层及图层样式、文字工具、通道与蒙版、矢量工具与路径等方面的方法与技巧。

4. 高级功能应用

第 12～14 章讲解了滤镜的应用、动作与任务自动化、网页切片与输出方面的知识。

5. 综合案例

第 15 章通过 3 个完整的综合案例制作，对所有知识点的掌握进行巩固与提高。

二、如何获取本书的学习资源

为帮助读者高效、快捷地学习本书的知识点，我们不但为读者准备了与本书知识点有关的配套素材文件，而且设计并制作了精品视频教学课程，还为教师准备了 PPT 课件资源。购买本书的读者，可以通过以下途径获取相关的配套学习资源。

1. 扫描书中二维码获取在线学习视频

读者在学习本书的过程中，可以使用微信的扫一扫功能，扫描本书标题左下角的二维码，在打开的视频播放页面中可以在线观看视频课程。这些课程读者也可以下载并保存到

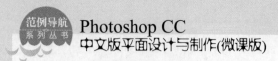

手机或电脑中离线观看。

2. 登录网站获取更多学习资源

本书配套素材和 PPT 课件资源, 读者可登录网址 http://www.tup.com.cn(清华大学出版社官方网站)下载相关学习资料, 也可关注"文杰书院"微信公众号获取更多的学习资源。

本书由文杰书院组织编写, 参与本书编写工作的有李军、袁帅、文雪、李强、高桂华等。我们真切希望读者在阅读本书之后, 可以开阔视野, 提高实践操作技能, 并从中学习和总结操作经验及规律, 达到灵活运用的水平。鉴于编者水平有限, 书中纰漏和考虑不周之处在所难免, 热忱欢迎读者予以批评、指正, 以便我们日后能为您编写更好的图书。

编　者

目　　录

第**1**章

Photoshop CC 中文版基础入门

本章主要介绍认识 Photoshop CC、图像处理入门、工作界面以及工作区方面的知识与技巧，同时讲解如何使用辅助工具。通过本章的学习，读者可以掌握 Photoshop CC 基础入门方面的知识，为深入学习 Photoshop CC 知识奠定基础。

本 章 要 点

1. 初步认识 Photoshop CC
2. 图像处理基础知识
3. 工作界面
4. 工作区
5. 辅助工具

Section 1.1 初步认识 Photoshop CC

手机扫描下方二维码，观看本节视频课程

Photoshop 是全球领先的数码影像编辑软件，在 Photoshop CS6 功能的基础上，Photoshop CC 新增相机防抖、Camera RAW 改进、属性面板改进、Behance 集成等功能，即云功能。本节介绍 Photoshop CC 的基础知识。

1.1.1 Photoshop CC 的应用领域

Photoshop CC 作为目前主流的专业图像编辑软件，已经被广泛应用到社会的各个领域。下面详细介绍 Photoshop CC 行业应用方面的知识。

1. 人像处理

拍摄照片后，用户可以使用 Photoshop CC 处理人像，可以修饰人物的皮肤，调整图像的色调，同时还可以合成背景，使拍摄出的影像更加完美，如图 1-1 所示。

2. 广告设计

用户可以使用 Photoshop CC 进行广告设计，设计出精美绝伦的广告海报、招贴等，广告设计是 Photoshop CC 应用最为广泛的一个领域，如图 1-2 所示。

图 1-1

图 1-2

3. 包装设计

用户可以使用 Photoshop CC 设计出各种精美的包装样式，如环保袋、礼品盒、图标等，如图 1-3 所示。

4. 插画绘制

用户可以使用 Photoshop CC 绘制出风格多样的电脑插图，并将其应用到广告、网络、T恤印图等领域，如图 1-4 所示。

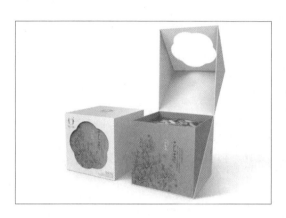

图 1-3

图 1-4

5. 艺术文字

用户还可以使用 Photoshop CC 制作各种精美的艺术字体，艺术字体被广泛应用于图书封面、海报设计、建筑设计和标识设计等领域，如图 1-5 所示。

6. 网页设计

用户还可以使用 Photoshop CC 制作网站中的各种元素，如网站标题、框架及背景图片等，如图 1-6 所示。

图 1-5

图 1-6

7. 界面设计

用户还可以使用 Photoshop CC 设计出精美的软件界面、游戏界面、手机界面和计算机界面等，如图 1-7 所示。

8. 效果图后期处理

用户在制作建筑效果图时，渲染出的图片通常都要使用 Photoshop CC 做后期处理，如房屋、人物、车辆、植物、天空等，如图 1-8 所示。

图 1-7   图 1-8

9. 绘制三维材质贴图

用户还可以使用 Photoshop CC 对三维图像进行三维材质贴图的操作，使图像更为逼真，如图 1-9 所示。

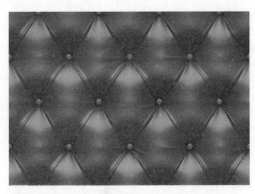

图 1-9

1.1.2 Photoshop CC 的功能特色

随着 Photoshop 软件版本的不断升级，其功能也越来越完善，Photoshop CC 的功能特色包括以下几个方面。

1. 链接智能对象的改进

用户可以将链接的智能对象打包到 Photoshop 文档中，以便将它们的源文件保存在计算机的文件夹中。Photoshop 文档的副本会随源文件一起保存在文件夹中。用户可以将嵌入的智能对象转换为链接的智能对象。转换时，应用于嵌入的智能对象的变换、滤镜和其他效果将保留。

2. 全新的图像资源生成功能

Photoshop CC 可以从 PSD 文件(即分层的文档)的每个图层中生成一幅图像。有了这一功能，Web 设计人员就可以从 PSD 文件中自动提取图像资源，免除了手动分离和转存工作。

3. 使用 Typekit 中的字体

通过与 Typekit 相集成，Photoshop 为创意项目的排版创造了无限可能。用户可以使用 Typekit 中已经与计算机同步的字体。这些字体显示在本地安装的字体旁边。还可以在【文本工具】选项栏和【字符】面板的【字体】列表中选择仅查看 Typekit 中的字体。如果打开的文档中某些字体缺失，Photoshop CC 还允许用户使用 Typekit 中的等效字体替换这些字体。

4. 选择位于焦点中的图像区域

Photoshop CC 允许用户选择位于焦点中的图像区域或像素。用户可以扩大或缩小默认选区。

5. 带有颜色混合的内容识别功能

在 Photoshop CC 中，润色图像和从图像中移去不需要的元素比以往更简单。现已加入算法颜色混合的识别功能包括内容识别填充、内容识别修补、内容识别移动、内容识别扩展。

6. 令人惊叹的防抖滤镜

全新的防抖滤镜可以挽救因相机抖动而拍摄失败的照片，不论是慢速快门，还是长焦距造成的模糊，该滤镜都能准确分析其曲线以恢复清晰度，效果令人惊叹。

7. 增强的 CSS 支持

Photoshop CC 可以直接从 HTML、CSS 或 SVG 文档中读取色板，轻松搭配现有的网页配置。针对各种颜色与设计元素产生 CSS 代码，然后将程序代码复制到网页编辑器，即可准确获得想要的结果。

Photoshop CC 可以从包含形状或文本的图层组复制 CSS，为每个图层创建一个类以及

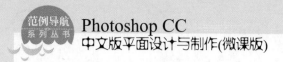
创建组类。

8. 实时 3D 绘画

Photoshop CC 的 3D 绘画功能有了显著的提升,在"实时 3D 绘画"模式下,能看到画笔的描绘效果,同时在 3D 模型视图和纹理视图中实时更新,并可最大限度地减少失真。

9. 垂直模式

使用不正确的镜头或相机晃动可能引起照片透视倾斜。Camera Raw 8 中的垂直功能可以轻松拉直全景图以及使用鱼眼或广角镜头拍摄的照片中的弯曲对象,自动校正透视扭曲。

10. 更加出色的图形引擎

Adobe Mercury 图形引擎能为液化、变形和操控变形等重要功能提供前所未有的回应速度,用户可以更加顺畅地进行编辑,并立刻看到变化。

Photoshop 在处理图像时,对操作系统的配置要求很高,尤其是计算机内存的好坏决定 Photoshop CC 处理图像的速度,所以在使用 Photoshop CC 处理图像时,应避免使用低速度的硬盘虚拟内存,提高 Photoshop CC 可用内存量,运用合理的方法降低 Photoshop 运行时对内存的需求量。

Section 1.2 图像处理基础知识

手机扫描下方二维码,观看本节视频课程

图像是 Photoshop 的基本元素,是 Photoshop 进行处理的主要对象。使用 Photoshop CC,用户可以对图像进行处理,增添图像的美感,同时还可以将图像保存为各种格式。下面详细介绍图像处理基础方面的知识与操作技巧。

1.2.1 点阵图与矢量图

在处理图像文件时,用户可以将图像分为点阵图和矢量图两类。一般情况下,在 Photoshop CC 软件中进行处理的图像多为点阵图,同时 Photoshop CC 软件也可以处理矢量图。下面介绍有关点阵图与矢量图方面的知识。

1. 点阵图

点阵图也称为位图,就是最小单位由像素构成的图,缩放会失真。位图就是由像素阵列排列来实现其显示效果的,每个像素点都有自己的颜色信息,所以在处理位图时,应着重考虑分辨率,分辨率越高,位图失真率越小。

2. 矢量图

矢量图也叫作向量图，就是缩放不失真的图像格式。矢量图是通过多个对象的组合生成的，对其中每个对象的记录方式，都是以数学函数来实现的。所以，即使对画面进行倍数相当大的缩放，其显示效果仍不失真。

在这里需要明确两个概念：缩放工具是对文档窗口进行的缩放，只影响视图比例；而对图像的缩放则是指对图像文件本身进行的物理缩放，它会使图像本身变大或变小。典型的矢量软件有 Illustrator、CorelDRAW、FreeHand 和 AutoCAD 等。

1.2.2 图像的像素

像素是用来计算数码影像的单位。图像无限放大后，会发现图像是由许多小方块组成的，这些小方块就是像素，一幅图像的像素越高，其色彩越丰富，越能表达图像真实的颜色，如图 1-10 所示。

像素

图 1-10

1.2.3 图像的分辨率

分辨率的英文全称是 resolution，就是屏幕图像的精密度，是指显示器所能显示像素的多少。由于屏幕上的点、线和面都是由像素组成的，显示器可显示的像素越多，画面就越精细，同样的屏幕区域内能显示的信息也就越多。

1.2.4 颜色模式

颜色模式是将某种颜色表现为数字形式的模型。在 Photoshop CC 中，颜色模式可分为 RGB 模式、CMYK 模式、Lab 模式、位图模式、灰度模式、索引色模式、双色调模式和多通道模式等。下面详细介绍颜色模式方面的知识。

● 位图模式：位图模式又称黑白模式，是一种最简单的色彩模式，属于无彩色模式。位图模式图像只有黑白两色，由 1 位像素组成，每像素用 1 位二进制数来表示。

文件占据存储空间非常小。

- 灰度模式：灰度模式图像中没有颜色信息，色彩饱和度为 0，属无彩色模式，图像由介于黑白之间的 256 级灰色所组成。
- 双色调模式：双色调模式是通过 1~4 种自定义灰色油墨或彩色油墨创建一幅双色调、三色调或者四色调的含有色彩的灰度图像。
- 索引色模式：索引色模式只支持 8 位色彩，是使用系统预先定义好的最多含有 256 种典型颜色的颜色表中的颜色来表现彩色图像的。
- RGB 模式：RGB 颜色模式采用三基色模型，又称为加色模式，是目前图像软件最常用的基本颜色模式。三基色可复合生成 1670 多万种颜色。
- CMYK 模式：CMYK 颜色模式采用印刷三原色模型，又称为减色模式，是打印、印刷等油墨成像设备即印刷领域使用的专有模式。
- Lab 模式：Lab 颜色模式是一种色彩范围最广的色彩模式，它是各种色彩模式之间相互转换的中间模式。
- 多通道模式：多通道模式图像包含多个具有 256 级强度值的灰阶通道，每个通道为 8 位深度。

1.2.5　图像的文件格式

文件格式是计算机为了存储信息而使用的特殊编码方式，主要用于识别内部存储的资料，常用的图像文件格式包括 PSD、JPG、PNG 和 BMP 等。图像文件格式的特点如下。

- PSD。PSD 格式是 Photoshop 图像处理软件的专用文件格式，它可以比其他格式更快速地打开和保存图像。
- BMP。BMP 是一种与硬件设备无关的图像文件格式，被大多数软件所支持，主要用于保存位图文件，BMP 文件格式不支持 Alpha 通道。
- GIF。GIF 格式为 256 色 RGB 图像格式，其特点是文件尺寸较小、支持透明背景，适用于网页制作。
- EPS。EPS 是处理图像工作中最重要的格式，主要用于在 PostScript 输出设备上打印。
- JPEG。JPEG 是一种压缩效率很高的存储格式，但当压缩品质过高时，会损失图像的部分细节，它被广泛应用到网页制作和 GIF 动画中。
- PDF。PDF 是由 Adobe Systems 公司创建的一种文件格式，允许在屏幕上查看电子文档，PDF 文件还可被嵌入到 Web 的 HTML 文档中。
- PNG。PNG 是用于无损压缩和在 Web 上显示图像的一种格式，与 GIF 格式相比，PNG 格式不局限于 256 色。
- TIFF。TIFF 支持 Alpha 通道的 RGB、CMYK、灰度模式，以及无 Alpha 通道的索引、灰度模式、16 位和 24 位 RGB 文件，可设置透明背景。

Section 1.3 工作界面

手机扫描下方二维码，观看本节视频课程

为了更好地使用 Photoshop CC 进行图像编辑操作，用户应首先了解 Photoshop CC 的工作界面。Photoshop CC 的工作界面典雅且实用，本节将重点介绍 Photoshop CC 操作界面方面的知识。

1.3.1 工作界面组件

Photoshop CC 工作界面由菜单栏、工具选项栏、标题栏、工具箱、文档窗口、状态栏和面板组等部分组成，如图 1-11 所示。

图 1-11

1.3.2 文档窗口

在 Photoshop CC 中打开一幅图像，便会创建一个文档窗口，如图 1-12 所示。当打开多幅图像时，文档窗口将以选项卡的形式进行显示，文档窗口一般显示正在处理的图像文件。

如果准备切换文档窗口，用户可以单击相应的标题名称，或者在键盘上按 Ctrl+Tab 组合键即可按照顺序切换窗口。

图 1-12

1.3.3 工具箱

在 Photoshop CC 中，使用工具箱中的工具可以进行创建选区、绘图、取样、编辑、移动、注释和查看图像等操作，同时还可以更改前景色和背景色，并可以采用不同的屏幕显示模式和快速模板模式进行编辑，如图 1-13 所示。

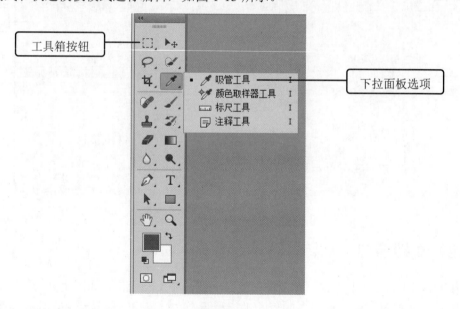

图 1-13

1.3.4 工具选项栏

工具选项栏简称选项栏，用于显示当前所选工具的选项。不同工具的选项栏，其功能各不相同，图 1-14 所示为套索工具的选项栏，单击并拖动可以使它成为浮动的工具选项栏，如果准备将其拖动至菜单栏下方，用户可以在出现蓝色条时放开鼠标，便可以重新归回原位。

图 1-14

1.3.5　菜单栏

在 Photoshop CC 中有 11 个主菜单，每个主菜单内都包含一系列对应的操作命令，如图 1-15 所示。如果在选择菜单命令时，某些命令显示为灰色，表示该命令在当前状态下不能使用。

| Ps | 文件(F) | 编辑(E) | 图像(I) | 图层(L) | 类型(Y) | 选择(S) | 滤镜(T) | 3D(D) | 视图(V) | 窗口(W) | 帮助(H) |

图 1-15

1.3.6　面板组

面板组可以用来设置图像的颜色、色板、样式、图层和历史记录等。在 Photoshop CC 中面板组包含 20 多个面板，同时面板组可以浮动显示，如图 1-16 所示。

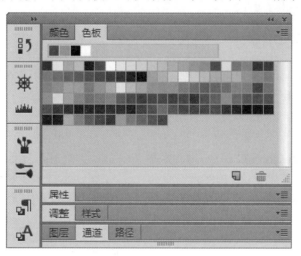

图 1-16

1.3.7　状态栏

Photoshop CC 中文版的状态栏位于文档窗口底部，状态栏可以显示文档窗口的缩放比例、文档大小、当前使用工具等信息，如图 1-17 所示。

单击状态栏中的右箭头按钮▶，可在打开的菜单中选择状态栏的具体显示内容，包括 Adobe Drive、文档大小、文档配置文件、文档尺寸、测量比例、暂存盘大小、效率、计时、当前工具、32 位曝光和存储进度。

图 1-17

工作区

手机扫描下方二维码，观看本节视频课程

在 Photoshop CC 中，用户可以对工作区进行自定义设置，这样程序可以根据用户不同的编辑要求，帮助用户快速选择不同的编辑工作模式。本节将重点介绍 Photoshop CC 工作区方面的知识。

1.4.1 工作区的切换

在 Photoshop CC 中，用户可以根据图像编辑的需要，快速切换至不同类型的工作区以方便用户操作。启动程序，默认打开的是基本功能工作区，下面将介绍工作区切换的具体方法。

step 1 启动 Photoshop CC 程序，① 单击【窗口】菜单，② 在弹出下拉的菜单中选择【工作区】命令，③ 在弹出的级联菜单中选择【摄影】子命令，如图 1-18 所示。

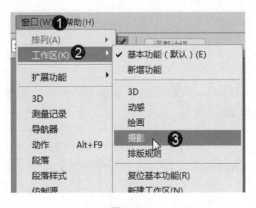

图 1-18

step 2 此时工作区变为"摄影"模式。通过以上步骤即可完成切换工作区的操作，如图 1-19 所示。

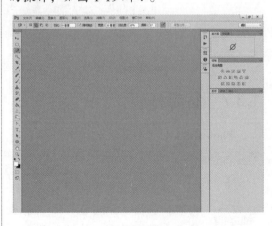

图 1-19

1.4.2 定制自己的工作区

在 Photoshop CC 中，如果程序自带的工作区不能满足用户的工作需要，用户还可以
定制自己的工作区界面。下面介绍定制自己工作区的方法。

step 1 启动 Photoshop CC 程序，① 单击
【窗口】菜单，② 在弹出的下拉
菜单中选择【工作区】命令，③ 在弹出的级
联菜单中选择【新建工作区】子命令，如图 1-20
所示。

step 2 弹出【新建工作区】对话框，① 在
【名称】文本框中输入名称，② 单
击【存储】按钮即可完成定制自己工作区的
操作，如图 1-21 所示。

图 1-21

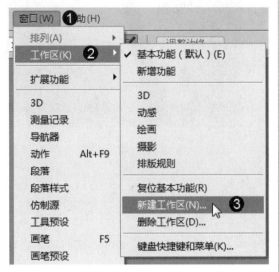

图 1-20

知识精讲

在创建完自定义工作区后，如果要删除自定义工作区，可以单击【窗口】
菜单，在弹出的下拉菜单中选择【工作区】命令，在弹出的级联菜单中选择【删
除工作区】子命令即可完成删除操作。

Section
1.5 **辅助工具**

手机扫描下方二维码，观看本节视频课程

标尺、参考线、网格和注释工具都属于辅助工具，它们不
能用来编辑图像，却可以帮助用户更好地完成选择、定位或者
编辑图像的操作。本节将重点介绍 Photoshop CC 辅助工具方面
的知识与技巧。

1.5.1 使用标尺

在 Photoshop CC 中，标尺一般出现在工作区窗口的顶部和左侧，用户可以使用标尺精确定位图像或元素的位置。下面介绍使用标尺的操作方法。

step 1 在 Photoshop CC 中打开一幅图像，① 单击【视图】菜单，② 在弹出的下拉菜单中选择【标尺】命令，如图 1-22 所示。

图 1-22

step 2 在图像文档窗口的顶部和左侧显示标尺刻度器。通过以上方法即可完成启动标尺的操作，如图 1-23 所示。

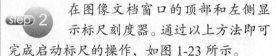

图 1-23

1.5.2 使用参考线

参考线用于精确定位图像或元素的位置，用户可以移动和移除参考线，同时还可以锁定参考线使其不可移动。下面介绍使用参考线的操作方法。

step 1 在 Photoshop CC 中启动标尺刻度器后，将鼠标指针移动至文档窗口顶端的标尺刻度器处，单击并向下方拖动鼠标，在指定位置释放鼠标，通过以上操作即可绘制出一条水平参考线，如图 1-24 所示。

图 1-24

step 2 将鼠标指针移动至文档窗口左侧的标尺刻度器处，单击并向右侧拖动鼠标，在指定位置释放鼠标，通过以上操作即可绘制出一条垂直参考线，如图 1-25 所示。

图 1-25

如果想精确地创建参考线，单击【视图】菜单，在弹出的下拉菜单中选择【新建参考线】命令，弹出【新建参考线】对话框，在【取向】选项中选择创建水平或垂直参考线，在【位置】选项中输入参考线的精确位置，单击【确定】按钮，即可在指定位置创建参考线。

1.5.3 使用网格

用户可以利用 Photoshop CC 显示网格的功能，对图像进行对齐操作。下面介绍使用网格的操作方法。

step 1 在 Photoshop CC 中打开一幅图像，① 单击【视图】菜单，② 在弹出的下拉菜单中选择【显示】命令，③ 选择级联菜单中的【网格】子命令，如图 1-26 所示。

step 2 图片上已经显示网格。通过以上方法即可完成使用网格的操作，如图 1-27 所示。

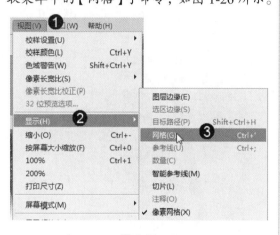

图 1-26

图 1-27

1.5.4 显示或隐藏额外内容

在 Photoshop CC 中，启动标尺、网格、参考线等辅助工具后，用户可以根据编辑需要，将启动的辅助工具进行暂时隐藏或再次显示的操作。下面介绍显示与隐藏额外内容的操作方法。

step 1 在 Photoshop CC 中启用网格工具，① 单击【视图】菜单，② 在弹出的下拉菜单中选择【显示额外内容】命令，将【显示额外内容】命令前的对钩取消，如图 1-28 所示。

step 2 此时，在文档窗口中的网格辅助工具已经被隐藏。通过以上方法即可完成隐藏额外内容的操作，如图 1-29 所示。

第一章 Photoshop CC 中文版基础入门

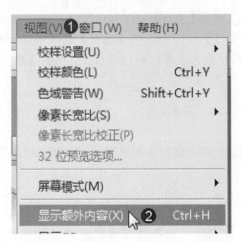

图 1-28

图 1-29

step 3　隐藏额外内容后，① 单击【视图】菜单，② 在弹出的下拉菜单中选择【显示额外内容】命令，将【显示额外内容】命令前的对钩重新选择，如图 1-30 所示。

step 4　此时，在文档窗口中的网格辅助工具重新显示出来，通过以上方法即可完成重新显示额外内容的操作，如图 1-31 所示。

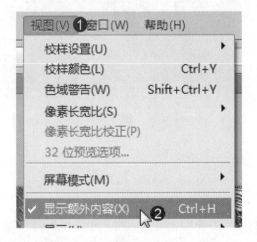

图 1-30

图 1-31

Section 1.6　范例应用与上机操作

手机扫描下方二维码，观看本节视频课程

在本节的学习中，将侧重介绍和讲解与本章知识点相关的范例应用及技巧，主要包括使用智能参考线、在工作区启用对齐功能、查看 Photoshop CC 系统信息等方面的知识与操作技巧。

1.6.1　使用智能参考线

在进行图像移动操作时，用户可以使用 Photoshop CC 中的智能参考线，对移动的图像进行对齐形状、选区和切片的操作。下面介绍使用智能参考线的操作方法。

素材文件 第 1 章\素材文件\1.jpg
效果文件 无

step 1 在 Photoshop CC 中打开素材图像，① 单击【视图】菜单，② 在弹出的下拉菜单中选择【显示】命令，③ 选择级联菜单中的【智能参考线】子命令，如图 1-32 所示。

step 2 启动【智能参考线】功能后，移动图像，在拖动图像的过程中，文档窗口中显示智能参考线。通过以上方法即可完成使用智能参考线的操作，如图 1-33 所示。

图 1-33

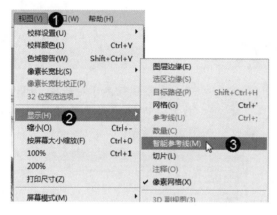

图 1-32

1.6.2　在工作区启用对齐功能

对齐功能有助于精确地放置选区、剪裁选框、切片、形状和路径。如果要启用对齐功能，需要单击【视图】菜单，在弹出的下拉菜单中选择【对齐】命令，再次单击【视图】菜单，在弹出的下拉菜单中选择【对齐到】命令，在弹出的级联菜单中选择一个对齐选项，如图 1-34 所示。带有"√"标记的命令表示已经启用了该对齐功能。

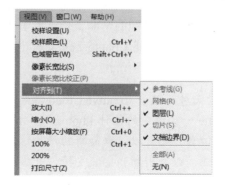

图 1-34

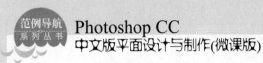

- 【参考线】命令：使对象与参考线对齐。
- 【网格】命令：使对象与网格对齐。网格被隐藏时不能选择该命令。
- 【图层】命令：使对象与图层中的内容对齐。
- 【切片】命令：使对象与切片的边界对齐。切片被隐藏时不能选择该命令。
- 【文档边界】命令：使对象与文档的边缘对齐。
- 【全部】命令：可以选择所有【对齐到】选项。
- 【无】命令：表示取消所有【对齐到】选项的选择。

1.6.3　查看 Photoshop CC 系统信息

在 Photoshop CC 中，用户可以查看 Adobe Photoshop 的版本、操作系统、处理器速度、Photoshop 可用内存、Photoshop 占用内存和图像高速缓存级别等信息。下面介绍查看 Photoshop CC 系统信息的操作方法。

| 素材文件 ❀ | 无 |
| 效果文件 ❀ | 无 |

 启动 Photoshop CC,①单击【帮助】菜单，② 在弹出的下拉菜单中选择【系统信息】命令，如图 1-35 所示。

图 1-35

 弹出【系统信息】对话框，通过以上方法即可完成查看系统信息的操作，如图 1-36 所示。

图 1-36

1.6.4　Photoshop 帮助文件和支持中心

Adobe 提供了描述 Photoshop 软件功能的帮助文件。单击【帮助】菜单，在弹出的下拉菜单中选择【Photoshop 联机帮助】命令或【Photoshop 支持中心】命令，可以连接到 Adobe 网站的帮助社区查看帮助文件，如图 1-37 所示。

Photoshop 帮助文件还包含 Creative Cloud 教学课程资料库。单击链接地址，可在线观看由 Adobe 专家录制的各种 Photoshop 功能的演示视频，学习其中的技巧和特定的工作流程，还可以获取最新的产品信息、培训、咨询、Adobe 活动和研讨会的邀请函，以及附赠的安装支持、升级通知和其他服务等。

帮助(H)	
Photoshop 联机帮助(H)...	F1
Photoshop 支持中心(S)...	
关于 Photoshop(A)...	
关于增效工具(B)	▶
法律声明...	
管理扩展...	
系统信息(I)...	
完成/更新 Adobe ID 配置文件...	
登录	
更新...	
Photoshop 联机(O)...	
Photoshop 联机资源(R)...	
Adobe 产品改进计划...	

图 1-37

Section 1.7 本章小结与课后练习

本节内容无视频课程

本章主要介绍了 Photoshop CC 的应用领域、功能特色，图像处理的基础知识，Photoshop CC 的工作界面、工作区以及辅助工具等内容。学习本章后，用户能够基本了解 Photoshop CC 的工作原理，为进一步使用软件制作图像奠定了基础。

1.7.1 思考与练习

1. 填空题

(1) Photoshop CC 的应用领域包括_____、广告设计、_____、插画绘制、_____、网页设计、_____、效果图后期处理、_____。

(2) Photoshop CC 的功能特色包括链接智能对象的改进、_____、使用 Typekit 中的字体、_____、带有颜色混合的内容识别功能、_____、增强的 CSS 支持、_____、垂直模式、_____。

2. 判断题

(1) 矢量图也称为位图，就是最小单位由像素构成的图，缩放会失真。　　　　（　　）

(2) 位图模式又称黑白模式，是一种最简单的色彩模式，属于无彩色模式。位图模式图像只有黑白两色，由 1 位像素组成，每像素用 1 位二进制数来表示。文件占据存储空间非常小。　　　　（　　）

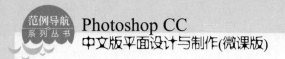

3. 思考题

(1) 如何使用标尺？

(2) 如何使用网格？

1.7.2 上机操作

(1) 通过本章的学习，读者基本能够掌握切换 Photoshop CC 工作区的知识，下面通过练习切换【动感】工作区，以达到巩固与提高的目的。

(2) 通过本章的学习，读者基本可以掌握使用 Photoshop CC 辅助工具的知识，下面通过练习显示切片，以达到巩固与提高的目的。

范例导航
系列丛书

第2章

图像文件的基本操作

本章主要介绍新建与保存文件、打开与关闭文件、置入与导出文件方面的知识及技巧，同时讲解如何查看图像文件。通过本章的学习，读者可以掌握图像文件基本操作方面的知识，为深入学习Photoshop CC知识奠定基础。

本章要点

1. 新建与保存文件
2. 打开与关闭文件
3. 置入与导出文件
4. 查看图像文件

Section 2.1 新建与保存文件

手机扫描下方二维码，观看本节视频课程

在 Photoshop CC 中不仅可以编辑一幅现有的图像，也可以创建一个全新的空白文件。新建文件或对打开的文件进行编辑后，应及时保存处理结果，以免因断电或死机造成劳动成果付诸东流。本节将重点介绍图像文件新建与保存的方法。

2.1.1 新建图像文件

在 Photoshop CC 中，用户可以根据编辑图像的需要，创建一个新的空白图像文件，下面介绍新建图像文件的方法。

step 1 启动 Photoshop CC 程序，① 单击【文件】菜单，② 选择【新建】命令，如图 2-1 所示。

step 2 弹出【新建】对话框，① 在【名称】文本框中输入名称，② 在【宽度】和【高度】文本框中输入数值，③ 单击【确定】按钮，如图 2-2 所示。

图 2-1

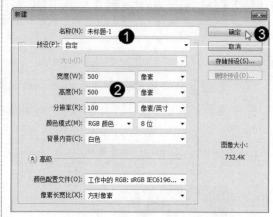

图 2-2

step 3 通过以上方法即可完成创建图像文件的操作，如图 2-3 所示。

图 2-3

2.1.2 保存图像文件

使用 Photoshop CC 绘制或编辑图像后，用户应将其及时保存，这样可以避免文件丢失。下面介绍保存编辑后的图像文件的方法。

step 1 在 Photoshop CC 中完成对文件的编辑操作后，① 单击【文件】菜单，② 选择【存储为】命令，如图2-4所示。

step 2 弹出【另存为】对话框，① 在【文件名】文本框中输入名称，② 选择文件保存位置，③ 在【保存类型】下拉列表框中选择保存格式，④ 单击【保存】按钮即可完成保存图像文件的操作,如图2-5所示。

图 2-4

图 2-5

当打开一个图像文件并对其进行编辑后，可以执行【文件】→【存储】菜单命令，保存所做修改。如果这是一个新建的文件，则执行该命令会打开【存储为】对话框。

Section 2.2 打开与关闭文件

手机扫描下方二维码，观看本节视频课程

要在 Photoshop CC 中编辑一个图像文件，如图片素材、照片等，要先将其打开。文件的打开方法有很多种，可以使用命令打开、通过快捷键打开，也可以使用 Adobe Bridge 打开。本节将详细介绍打开与关闭文件的方法。

2.2.1 用【打开】命令打开文件

在 Photoshop CC 中，用户可以使用【打开】命令快速打开准备编辑的图像文件，下

第2章 图像文件的基本操作

面介绍使用【打开】命令打开文件的方法。

step 1 启动 Photoshop CC 程序，① 单击【文件】菜单，② 选择【打开】命令，如图 2-6 所示。

图 2-6

step 3 通过以上操作方法即可完成使用【打开】命令打开图像文件的操作，如图 2-8 所示。

step 2 弹出【打开】对话框，① 选择图像文件存放的位置，② 选择准备打开的图像文件，③ 单击【打开】按钮，如图 2-7 所示。

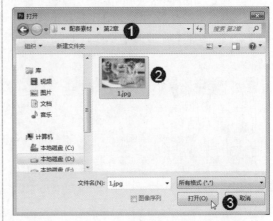

图 2-7

图 2-8

2.2.2 用【打开为】命令打开文件

如果使用与文件的实际格式不匹配的扩展名存储文件，或者文件没有扩展名，则 Photoshop 可能无法确定文件的正确格式，导致不能打开文件。遇到这种情况，可以使用【打开为】命令打开需要指定特定文件格式的文件。下面介绍使用【打开为】命令打开文件的操作方法。

step 1 启动 Photoshop CC，① 单击【文件】菜单，② 在弹出的下拉菜单中选择【打开为】命令，如图 2-9 所示。

step 2 弹出【打开】对话框，① 在【文件名】文本框右侧选择文件格式，② 选择准备打开的文件，③ 单击【打开】按钮即可打开文件，如图 2-10 所示。

图 2-9

图 2-10

2.2.3 关闭图像文件

在 Photoshop CC 中，当图像编辑完成后，用户可以将不需要编辑的图像文件关闭，这样可以节省软件的缓存空间。下面介绍使用【关闭】命令关闭图像文件的操作方法。

step 1 在 Photoshop CC 中打开图像文件，① 单击【文件】菜单，② 在弹出的下拉菜单中选择【关闭】命令，如图 2-11 所示。

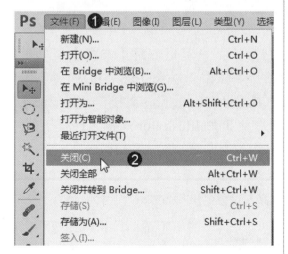

图 2-11

step 2 图像已经关闭，通过以上操作方法即可完成使用【关闭】命令关闭图像文件的操作，如图 2-12 所示。

图 2-12

知识精讲

用户除了可以使用命令关闭文件外，还可以按 Ctrl+W 组合键关闭文件；执行【文件】→【关闭并转到 Bridge】菜单命令，可以关闭当前文件，然后打开 Bridge；执行【文件】→【退出】菜单命令可以关闭文件并退出 Photoshop。

2.2.4 使用【关闭全部】命令

如果在 Photoshop 中打开了多个文件，执行【文件】→【关闭全部】菜单命令即可关闭所有文件。

 step 1 在 Photoshop CC 中打开多个图像文件，① 单击【文件】菜单，② 在弹出的下拉菜单中选择【关闭全部】命令，如图 2-13 所示。

step 2 可以看到程序中所有的图像都被关闭，通过以上操作方法即可完成使用【关闭全部】命令关闭图像文件的操作，如图 2-14 所示。

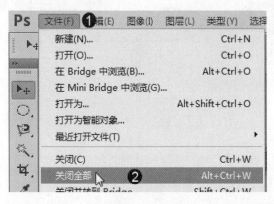

图 2-13

图 2-14

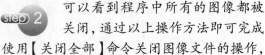

置入与导出文件

Section 2.3

手机扫描下方二维码，观看本节视频课程

 打开或新建一个文档后，用户可以使用【文件】菜单中的【置入】命令将照片、图片等位图，以及 EPS、PDF、AI 等矢量文件作为智能对象置入或嵌入 Photoshop 文档中。用户还可以将 Photoshop 中创建的图像导出到 Illustrator 或视频设备中。

2.3.1 置入对象

置入对象的操作非常简单，下面详细介绍置入对象的操作方法。

 step 1 在 Photoshop CC 中打开名为 3 的图像文件，① 单击【文件】菜单，② 在弹出的下拉菜单中选择【置入】命令，如图 2-15 所示。

 step 2 弹出【置入】对话框，① 选择文件所在位置，② 选择准备置入的文件，③ 单击【置入】按钮，如图 2-16 所示。

图 2-15

图 2-16

图 2-17

step 3　可以看到名为 2 的文件已经置入素材 3 中。通过以上步骤即可完成置入对象的操作，如图 2-17 所示。

2.3.2　导入文件

Photoshop 可以编辑变量数据组、视频帧到图层、注释和 WIA 支持内容等。当新建或打开图像文件后，可以通过【文件】菜单下的【导入】命令将这些内容导入到 Photoshop 中进行编辑，如图 2-18 所示。

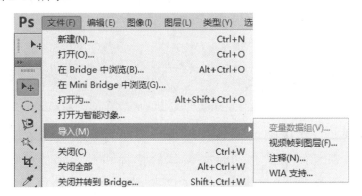

图 2-18

知识精讲　　　如果计算机配置有扫描仪并安装了相关的软件，则可以在【导入】菜单中选择扫描仪名称，使用扫描仪制造商的软件扫描图像，并将其存储为 TIFF、PICT、BMP 格式，然后在 Photoshop 中打开这些图像。

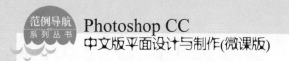
2.3.3 导出文件

在 Photoshop 中创建和编辑好图像后，可以将其导出到 Illustrator 或视频设备中。单击【文件】菜单，在弹出的下拉菜单中选择【导出】命令，可以在弹出的级联菜单中选择一些导出类型，如图 2-19 所示。

图 2-19

【导出】级联菜单中的各子命令含义如下。

- 【数据组作为文件】命令：可以按批处理模式使用数据组值将图像输出为 PSD 文件。

- Zoomify 命令：可以将高分辨率的图像发布到 Web 上，利用 Viewpoint Media Player，用户可以平移或缩放图像以查看它的不同部分。在导出时，Photoshop 会创建 JPG 和 HTML 文件，用户可以将这些文件上传到 Web 服务器。

- 【路径到 Illustrator】命令：将路径导出为 AI 格式，在 Illustrator 中可以继续对路径进行编辑。

- 【渲染视频】命令：可以将视频导出为 QuickTime 影片。在 Photoshop CC 中，还可以将时间轴动画与视频图层一起导出。

Section **2.4** 查看图像文件

手机扫描下方二维码，观看本节视频课程

在图像的编辑过程中，需要用户频繁地在图像的整体和局部之间切换，通过对整体的把握和对局部的修改来达到最终的完美效果。Photoshop CC 提供了一系列图像查看命令可以方便用户完成这些操作。

2.4.1 使用【导航器】面板查看图像

在 Photoshop CC 中，使用【导航器】面板对图像进行查看，用户可以快速选择准备查看的图像部分。下面介绍使用【导航器】面板查看图像的方法。

step 1 在 Photoshop CC 中打开一个图像文件，① 单击【窗口】菜单，② 在弹出的下拉菜单中选择【导航器】命令，如图 2-20 所示。

step 2 在【导航器】面板中，将光标拖动到准备查看的图像部分并单击鼠标，在文档窗口中图像被放大，如图 2-21 所示。

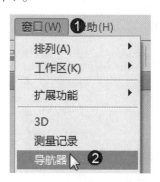

图 2-20

图 2-21

2.4.2 使用抓手工具查看图像

在 Photoshop CC 中图像被放大后，用户可以使用抓手工具查看图像的局域部分。下面介绍使用抓手工具查看图像的方法。

step 1 在 Photoshop CC 中打开一个图像文件，① 在工具箱中单击【抓手工具】按钮，② 在文档窗口中单击并拖动图像文件，如图 2-22 所示。

step 2 图像已经被移动，通过以上方法即可完成使用抓手工具查看图像的操作，如图 2-23 所示。

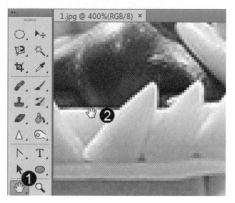

图 2-22

图 2-23

2.4.3 使用缩放工具查看图像

在 Photoshop CC 中，如果想查看图像文件中的某个部分，用户可以使用缩放工具对图像文件进行放大或缩小。下面介绍使用缩放工具通过放大或缩小查看图像的方法。

step 1　在 Photoshop CC 中打开一个图像文件，① 在工具箱中单击【缩放工具】按钮 ，② 在图像文件中单击准备放大查看的图像，如图 2-24 所示。

step 2　图像已经被放大。通过以上方法即可完成使用缩放工具查看图像的操作，如图 2-25 所示。

图 2-24

图 2-25

在缩放工具属性栏中单击【缩小】按钮 🔍，将鼠标指针移至图像上单击，可以缩小图像；或者按 Ctrl++组合键可以快速放大图像，按 Ctrl+-组合键可以快速缩小图像。

Section 2.5　范例应用与上机操作

手机扫描下方二维码，观看本节视频课程

　　在本节的学习过程中，将侧重介绍和讲解与本章知识点有关的范例应用及技巧，主要包括自定义菜单命令的颜色、自定义命令快捷键等内容。用户可以根据需要自定义 Photoshop 的工作界面，以方便使用。

2.5.1　自定义菜单命令的颜色

　　对于初级用户来说，全部为单一颜色的菜单命令可能不够醒目。在 Photoshop 中，用户可以为一些常用的命令自定义颜色，这样可以快速查找到它们。下面介绍自定义菜单命令颜色的方法。

素材文件🔅 无
效果文件🔅 无

step 1 启动 Photoshop CC 程序，① 单击【编辑】菜单，② 在弹出的下拉菜单中选择【菜单】命令，如图 2-26 所示。

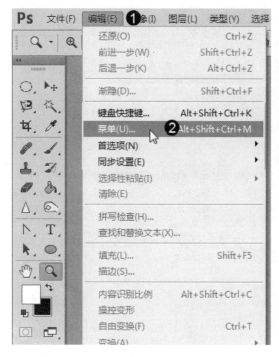

图 2-26

step 3 ① 单击【文件】菜单，② 在弹出的下拉菜单中可以看到【新建】命令已变为橙色显示，如图 2-28 所示。

step 2 弹出【键盘快捷键和菜单】对话框，① 选择【菜单】选项卡，② 单击【文件】下拉按钮，③ 在展开的列表中选择【新建】选项，④ 单击【无】下拉按钮，在列表中选择橙色，⑤ 单击【确定】按钮，如图 2-27 所示。

图 2-27

图 2-28

2.5.2 自定义命令快捷键

在 Photoshop 中，用户可以对默认的快捷键进行更改，也可以为没有配置快捷键的常用命令和工具设置一个快捷键，这样可以大大提高工作效率。下面详细介绍自定义命令快捷键的方法。

素材文件※ 无
效果文件※ 无

step 1 启动 Photoshop CC 程序，① 单击【编辑】菜单，② 在弹出的下拉菜单中选择【键盘快捷键】命令，如图 2-29 所示。

step 2 弹出【键盘快捷键和菜单】对话框，① 选择【键盘快捷键】选项卡，② 单击【文件】下拉按钮，③ 在展开的列表中选择【在 Mini Bridge 中浏览】选项，此时会出现一个用于定义快捷键的文本框，在文本框中输入快捷键，④ 单击【确定】按钮，如图 2-30 所示。

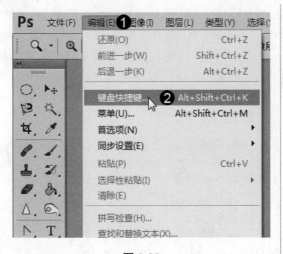

图 2-29

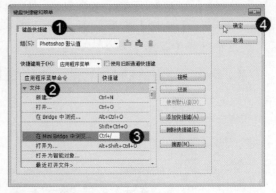

图 2-30

step 3 ① 单击【文件】菜单，② 在弹出的下拉菜单中可以看到【在 Mini Bridge 中浏览】命令的快捷键变为刚刚设置的 Ctrl+/，如图 2-31 所示。

图 2-31

2.5.3 打开智能对象

智能对象是一个嵌入到当前文档中的文件，它可以包含图像，也可以包含在 Illustrator 中创建的矢量图形。智能对象与普通图层的区别在于，它能够保留对象的源内容和所有的原始特征。下面介绍打开智能对象的操作方法。

素材文件❀第2章\素材文件\4.psd

效果文件❀无

step 1 启动 Photoshop CC 程序，① 单击【文件】菜单，② 在弹出的下拉菜单中选择【打开为智能对象】命令，如图 2-32 所示。

step 2 弹出【打开】对话框，① 选择文件所在位置，② 选中准备打开的文件，③单击【打开】按钮，如图 2-33 所示。

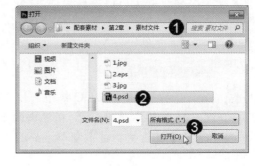

图 2-33

图 2-32

step 3 在【图层】面板中，智能对象的缩
览图右下角会显示智能对象图标，
通过以上步骤即可完成将文件打开为智能对
象的操作，如图 2-34 所示。

图 2-34

知识精讲

　　智能对象可以进行非破坏性交换。例如，可以根据需要按任意比例缩放对象、旋转、进行变形等，不会丢失原始图像数据或者降低图像的品质。智能对象可以保留非 Photoshop 本地方式处理的数据。例如，在嵌入 Illustrator 中的矢量图形时，Photoshop 会自动将它转换为可识别的内容。

**Section
2.6　本章小结与课后练习**

本节内容无视频课程

　　本章主要介绍了新建与保存文件、打开与关闭文件、置入与导出文件以及查看图像文件的具体方法。学习本章内容后，用户可以了解图像文件的基本操作，为进一步使用软件制作图像奠定了基础。

2.6.1　思考与练习

1. 填空题

　　(1) 用户除了可以使用命令关闭文件外，还可以按_____+_____组合键关闭文件。

　　(2) 按 Ctrl+_____组合键可以快速放大图像，按 Ctrl+_____组合键可以快速缩小图像。

2. 判断题

　　(1) 当打开一个图像文件并对其进行编辑后，可以执行【文件】→【存储】菜单命令，保存所做的修改。如果这是一个新建的文件，则执行该命令会打开【存储为】对话框。
（　　）

　　(2) 智能对象是一个嵌入到当前文档中的文件，它可以包含图像，也可以包含在 Illustrator 中创建的矢量图形。智能对象与普通图层的区别在于，它能够保留对象的源内容和所有的原始特征。
（　　）

第2章 图像文件的基本操作

33

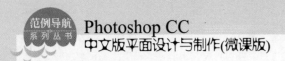
3. 思考题

(1) 如何新建图像文件?

(2) 如何用【打开】命令打开文件?

2.6.2　上机操作

(1) 通过本章的学习,读者基本能够掌握查看图像文件的知识,下面通过练习使用缩放工具查看图像,以达到巩固与提高的目的。

(2) 通过本章的学习,读者基本可以掌握置入与导出的知识,下面通过练习导出文件,以达到巩固与提高的目的。

第 3 章

图像操作

本章主要介绍像素与分辨率，设置图像尺寸和画布，剪切、复制和粘贴图像，裁剪和裁切图像以及图像的变换与变形操作方面的知识与技巧，同时讲解如何使用历史记录面板。通过本章的学习，读者可以掌握图像操作方面的知识，为深入学习 Photoshop CC 知识奠定基础。

本 章 要 点

1. 像素与分辨率

2. 设置图像尺寸和画布

3. 剪切、复制和粘贴图像

4. 裁剪和裁切图像

5. 图像的变换与变形操作

6. 历史记录面板

Section

3.1

像素与分辨率

手机扫描下方二维码，观看本节视频课程

从第 1 章中已经了解了图像像素与分辨率的基本含义，本节主要介绍修改图像像素以及设置图像分辨率的具体方法。掌握修改图像像素以及设置图像分辨率的方法后，用户可以根据需要调整图片的清晰度。

3.1.1 修改图像像素

在 Photoshop CC 中，用户可以通过修改图像像素来更改图像的大小，以便用户对图像文件进行编辑或保存。下面详细介绍修改图像像素的方法。

 在 Photoshop CC 中打开名为 1 的图像文件，如图 3-1 所示。

图 3-1

 弹出【图像大小】对话框，① 在【调整为】下拉列表框中选择一个选项，② 单击【确定】按钮，如图 3-3 所示。

图 3-3

① 单击【图像】菜单，② 在弹出的下拉菜单中选择【图像大小】命令，如图 3-2 所示。

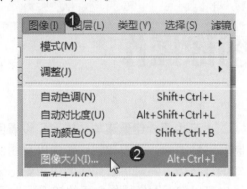

图 3-2

 图像像素已经更改。通过以上步骤即可完成修改图像像素的操作，如图 3-4 所示。

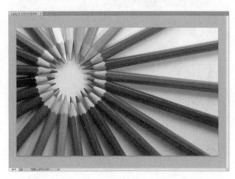

图 3-4

3.1.2 设置图像分辨率

分辨率是指位图图像中的细节精细度,测量单位是像素/英寸(ppi),每英寸的像素越多,分辨率越高。一般来说,图像的分辨率越高,印刷出来的质量就越好。下面介绍设置图像分辨率的操作方法。

 在 Photoshop CC 中打开名为 2 的图像文件,如图 3-5 所示。

图 3-5

 弹出【图像大小】对话框,① 在【分辨率】文本框中输入数值,② 单击【确定】按钮,如图 3-7 所示。

 ① 单击【图像】菜单,② 在弹出的下拉菜单中选择【图像大小】命令,如图 3-6 所示。

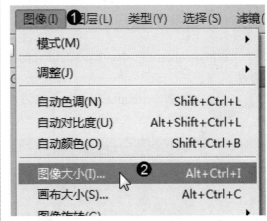

图 3-6

图 3-7

图像分辨率已经更改。通过以上步骤即可完成修改图像分辨率的操作,如图 3-8 所示。

图 3-8

 分辨率高的图像包含更多的细节。不过,如果一幅图像的分辨率较低,细节也模糊,即便提高它的分辨率也不会使它变得更清晰。这是因为 Photoshop 只能在原始数据的基础上进行调整,无法生成新的数据。

用户可以根据修改的尺寸打印图像，而通过修改画布大小则可以将图像填充至更大的编辑区域中，从而更好地执行用户的编辑操作。本节将重点介绍设置图像尺寸和画布大小方面的知识及技巧。

3.2.1 调整图像尺寸

在 Photoshop CC 中，用户可以对图像尺寸进行详细设置，下面介绍修改图像尺寸的方法。

step 1 　在 Photoshop CC 中打开名为 3 的图像文件，如图 3-9 所示。

图 3-9

step 3 　弹出【图像大小】对话框，① 在【高度】和【宽度】文本框中输入数值，② 单击【确定】按钮，图 3-11 所示。

图 3-11

step 2 　① 单击【图像】菜单，② 在弹出的下拉菜单中选择【图像大小】命令，如图 3-10 所示。

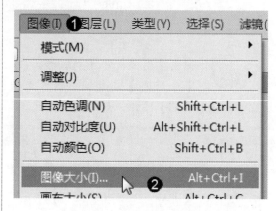

图 3-10

step 4 　图像尺寸已经被更改，如图 3-12 所示。

图 3-12

3.2.2　修改画布大小

在 Photoshop CC 中，用户可以对图像画布的大小进行详细设置。下面介绍修改图像画布大小的方法。

 在 Photoshop CC 中打开名为 4 的图像文件，如图 3-13 所示。

图 3-13

 弹出【画布大小】对话框，① 取消勾选【相对】复选框，② 在【高度】和【宽度】文本框中输入数值，③ 单击【确定】按钮，如图 3-15 所示。

图 3-15

 ① 单击【图像】菜单，② 在弹出的下拉菜单中选择【画布大小】命令，如图 3-14 所示。

图 3-14

 画布大小已经更改，如图 3-16 所示。

图 3-16

 在【画布大小】对话框中，【当前大小】区域显示了图像高度和宽度的实际尺寸和文档的实际大小；【宽度】和【高度】文本框用来输入画布的新尺寸；勾选【相对】复选框，【宽度】和【高度】数值将代表实际增加或减少的区域大小，而不再代表整个文档的大小。

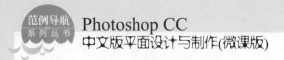
3.2.3 旋转画布

旋转画布就是对画布进行旋转操作,下面详细介绍旋转画布的操作方法。

 在 Photoshop CC 中打开名为 5 的图像文件,如图 3-17 所示。

图 3-17

 ① 单击【图像】菜单,② 在弹出的下拉菜单中选择【图像旋转】命令,③ 在弹出的级联菜单中选择【水平翻转画布】子命令,如图 3-18 所示。

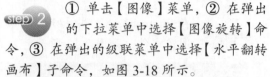
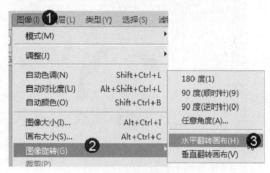

图 3-18

 图像已经水平翻转显示。通过以上步骤即可完成旋转画布的操作,如图 3-19 所示。

智慧锦囊

在【图像旋转】的级联菜单中包括 180 度、90 度(顺时针)、90 度(逆时针)、任意角度、水平翻转画布以及垂直翻转画布 6 个子命令。

图 3-19

Section 3.3 剪切、复制和粘贴图像

手机扫描下方二维码,观看本节视频课程

【复制】、【剪切】和【粘贴】等都是 Photoshop 中最普通的命令,它们用来完成复制与粘贴任务。与其他程序不同的是,Photoshop 还可以对选区内的图像进行特殊的复制与粘贴操作,如在选区内粘贴图像或清除选中的图像。

3.3.1 剪切与粘贴

创建选区后，单击【编辑】菜单，在弹出的下拉菜单中选择【剪切】命令，或者按 Ctrl+X 组合键，可以将选区中的内容剪切到剪贴板中，如图 3-20 所示。

继续执行【编辑】→【粘贴】菜单命令，或者按 Ctrl+V 组合键，可将剪切的图像粘贴到画布中，并生成一个新图层，如图 3-21 所示。

图 3-20   图 3-21

3.3.2 复制与合并复制

创建选区后，执行【编辑】→【复制】菜单命令，或者按 Ctrl+C 组合键，可以将选区中的图像复制到剪贴板中，然后执行【编辑】→【粘贴】菜单命令，或者按 Ctrl+V 组合键，可以将复制的图像粘贴到画布中，生成一个新的图层，如图 3-22 和图 3-23 所示。

图 3-22   图 3-23

当文档中包含很多图层时，执行【选择】→【全部】菜单命令，或者按 Ctrl+A 组合键全选当前图像，然后执行【编辑】→【合并复制】菜单命令，或者按 Shift+Ctrl+C 组合键，将所有可见图层复制并合并到剪贴板中，最后按 Ctrl+V 组合键可以将合并复制的图像粘贴到当前文档或其他文档中，如图 3-24 至图 3-26 所示。完成【合并复制】操作后，可以看到图层面板中增加了一个涵盖所有图层内容的"图层 4"图层。

图 3-24 图 3-25 图 3-26

3.3.3 清除图像

在 Photoshop CC 中，用户可以快速将不再准备使用的图像区域清除，下面介绍清除图像的方法。

 在 Photoshop CC 中打开名为 9 的图像文件，创建选区，如图 3-27 所示。

图 3-27

 ① 单击【编辑】菜单，② 在弹出的下拉菜单中选择【清除】命令，如图 3-28 所示。

选区内的图像已经被删除。通过以上步骤即可完成清除图像的操作，如图 3-29 所示。

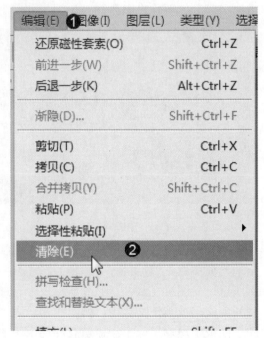

图 3-28

图 3-29

智慧锦囊

当选中的图层为包含选区状态下的普通图层时，单击【编辑】菜单，在弹出的下拉菜单中选择【清除】命令，可以清除选区中的图像。当选中背景图层时，被清除的区域将填充背景色。另外，创建选区后，按 Delete 键也可以删除选区内的图像。

Section 3.4 裁剪和裁切图像

手机扫描下方二维码，观看本节视频课程

用户可以根据图像编辑操作的需要，对图像素材进行裁剪，以便对图像的尺寸进行精确设置，裁剪图像文件包括裁剪工具和裁切工具等。本节将重点介绍裁剪图像与裁切图像方面的知识。

3.4.1 裁剪图像

裁剪是指移去部分图像，以突出或加强构图效果的过程。使用裁剪工具可以裁剪多余的图像，并重新定义画布的大小。下面详细介绍裁剪图像的操作方法。

step 1 在 Photoshop CC 中打开名为 10 的图像文件，在工具箱中单击【裁剪工具】按钮 ，画面四周出现裁剪框，如图 3-30 所示。

step 2 将鼠标指针移至裁剪框上，根据需要单击并移动鼠标指针，如图 3-31 所示。

图 3-30

图 3-31

按 Enter 键完成裁剪操作，可以看到图像已经被裁剪，如图 3-32 所示。

图 3-32

3.4.2 裁切图像

使用【裁切】命令可以基于像素的颜色来裁剪图像，【裁切】命令可以对没有背景图层的图像进行快速裁切，这样可以将图像中的透明区域清除。裁切图像的方法非常简单，下面详细介绍裁切图像的操作方法。

 在 Photoshop CC 中打开名为 11 的图像文件，如图 3-33 所示。

图 3-33

 ① 单击【图像】菜单，② 在弹出的下拉菜单中选择【裁切】命令，如图 3-34 所示。

图 3-34

 弹出【裁切】对话框，① 选中【透明像素】单选按钮，② 单击【确定】按钮，如图 3-35 所示。

 图像四周的透明像素被裁切掉，效果如图 3-36 所示。

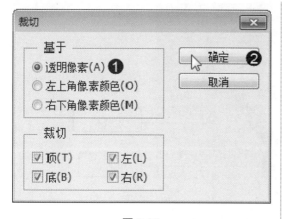

图 3-35

图 3-36

在【裁切】对话框中，选中【左上角像素颜色】单选按钮，可以删除图像左上角像素颜色的区域；选中【右下角像素颜色】单选按钮，可以删除图像右下角像素颜色的区域；【顶】、【底】、【左】、【右】复选框用来设置要修整的图像区域；【透明像素】单选按钮只有图像中存在透明区域时才可用。

Section 3.5 图像的变换与变形操作

手机扫描下方二维码，观看本节视频课程

在 Photoshop 中，移动、旋转和缩放称为变换操作；扭曲和斜切则称为变形操作。Photoshop 可以对整个图层、多个图层、图层蒙版、选区、路径、矢量形状、矢量蒙版和 Alpha 通道进行变换和变形处理。

3.5.1 边界框、中心点和控制点

在 Photoshop CC 中，单击【编辑】菜单，在弹出的下拉菜单中选择【自由变换】命令，可以对当前图像进行变换操作，按键盘上的 Ctrl+T 组合键也可以实现自由变换操作。

当执行【自由变换】命令时，当前图像会显示出定界框、中心点和控制点，下面介绍定界框、中心点和控制点方面的知识，如图 3-37 所示。

- 控制点：位于图像的四个顶点及定界框中心处，拖动控制点可以改变图像形状。
- 中心点：位于对象的中心，它用于定义对象的变换中心，拖动中心点可以移动它的位置。
- 定界框：用于区别上、下、左和右各个方向。

45

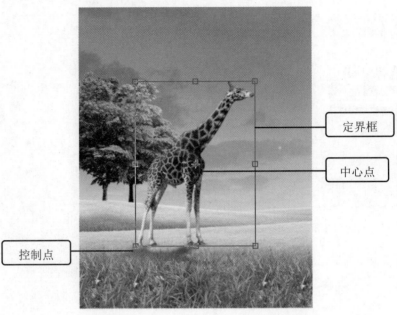

图 3-37

3.5.2 移动图像

移动图像是指移动图层上的图像对象,在进行移动图像操作时,需要先选择移动工具,下面介绍移动图像的操作方法。

step 1 在 Photoshop CC 中打开名为 8 的图像文件,在左侧的工具箱中单击【移动工具】按钮，如图 3-38 所示。

step 2 在【图层】面板中选择"图层 3"图层,使用移动工具移动"图层 3",如图 3-39 所示。

图 3-38

图 3-39

3.5.3　旋转与缩放

在 Photoshop CC 中，用户可以使用【旋转】与【缩放】命令对图像进行角度和大小的修改，以便满足绘制图像的需要。下面介绍旋转与缩放图像的方法。

step 1　在 Photoshop CC 中打开名为 13 的图像文件，使用矩形选框工具 ⬚ 选取公路，如图 3-40 所示。

图 3-40

step 3　打开名为 14 的图像文件，使用移动工具 ⊹ 将其拖入 13 文件中，如图 3-42 所示。

图 3-42

step 5　图像四周出现自由变换框，将鼠标指针放在控制点外侧，当指针变为 ↰ 形状时，单击并拖动鼠标可旋转图像，如图 3-44 所示。

step 2　按 Ctrl+J 组合键复制一个新图层，如图 3-41 所示。

图 3-41

step 4　① 单击【编辑】菜单，② 在弹出的下拉菜单中选择【自由变换】命令，如图 3-43 所示。

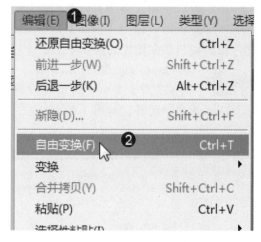

图 3-43

step 6　将鼠标指针移至右上角的控制点上，当指针变为 ⬈ 形状时，按住 Shift 键的同时单击并拖动鼠标向右上方移动，可等比放大图像，如图 3-45 所示。

图 3-44

图 3-45

step 7 按 Enter 键取消自由变换，将复制
的公路图层移至风车图层的上方，
效果如图 3-46 所示。

图 3-46

3.5.4 斜切与扭曲

用户可以使用【斜切】命令对图像进行修改，这样图像可以按照垂直方向或水平方向
倾斜；用户还可以使用【扭曲】命令对图像进行修改，这样图像可以向各个方向伸展。下
面介绍斜切与扭曲图像的操作方法。

step 1 在 Photoshop CC 中打开名为 15 的
图像文件，复制"背景"图层得到
"背景 拷贝"图层，如图 3-47 所示。

step 2 选择"背景 拷贝"图层，按 Ctrl+T
组合键调出自由变换框，右键单击
图像，在弹出的快捷菜单中选择【斜切】命
令，如图 3-48 所示。

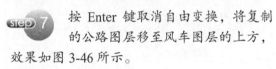

图 3-47

图 3-48

step 3 将鼠标指针移至右侧中间位置的控制点上，为指针变为 形状时，单击并向上拖动鼠标，即可沿垂直方向斜切对象，如图 3-49 所示。

step 4 将鼠标指针移至底部中间位置的控制点上，当指针变为 形状时，单击并向左拖动鼠标，即可沿水平方向斜切对象，如图 3-50 所示。

图 3-49

图 3-50

step 5 按 Esc 键取消操作。下面进行扭曲操作，按 Ctrl+T 组合键调出自由变换框，右键单击图像，在弹出的快捷菜单中选择【扭曲】命令，如图 3-51 所示。

step 6 将鼠标指针移至右下角的控制点上，当指针变为 形状时，单击并拖动鼠标向上方移动，可扭曲图像，如图 3-52 所示。

图 3-51

图 3-52

3.5.5 精确变换

执行【编辑】→【自由变换】菜单命令，或者按 Ctrl+T 组合键显示定界框时，工具选项栏中会显示变换选项，如图 3-53 所示。在文本框内输入数值并按 Enter 键即可进行精确的变换操作。

图 3-53

- 【设置参考点的水平位置】 文本框：在该文本框内输入数值，可以水平移动图像。
- 【设置参考点的垂直位置】 文本框：在该文本框内输入数值，可以垂直移动图像。
- 【使用参考点相对定位】 按钮：单击该按钮，可以相对于当前参考点位置重新定位新参考点的位置。

- 【设置水平缩放】 W: 100.00% 文本框：在该文本框内输入数值，可以水平拉伸图像。
- 【设置垂直缩放】 H: 100.00% 文本框：在该文本框内输入数值，可以垂直拉伸图像。
- 【保持长宽比】 按钮：单击该按钮，可进行等比缩放。
- 【旋转】 0.00 文本框：在该文本框内输入数值，可以旋转图像。
- 【设置水平斜切】 H: 0.00 度文本框：在该文本框内输入数值，可以水平斜切图像。
- 【设置垂直斜切】 V: 0.00 度文本框：在该文本框内输入数值，可以垂直斜切图像。

在进行变换操作时，工具选项栏会出现参考点定位符 ，方块对应定界框上的各个控制点。如果要将中心点调整到定界框边界上，可单击小方块。例如，要将中心点移动到定界框的左上角，可单击参考点定位符左上角的方块 。

3.5.6 透视变换

用户可以使用【透视】命令对变换对象应用单点透视。应用透视变换的方法非常简单，下面详细介绍透视变换的操作方法。

 在 Photoshop CC 中打开名为 16 的图像文件，复制"背景"图层，如图 3-54 所示。

图 3-54

 ① 单击【编辑】菜单，② 在弹出的下拉菜单中选择【变换】命令，③ 选择【透视】命令，如图 3-55 所示。

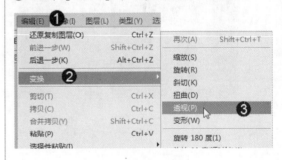

图 3-55

 图像四周出现定界框，将鼠标指针移至左上角位置的控制点上，当指针变为 形状时，单击并向右拖动鼠标，如图 3-56 所示。

图 3-56

 按 Enter 键完成变换。通过以上步骤即可完成透视变换操作，如图 3-57 所示。

图 3-57

3.5.7 用内容识别功能缩放图像

前面介绍的普通缩放方法，在调整图像大小时会影响所有像素，而内容识别比例则主要影响没有重要可视内容区域中的像素，如可以让画面中的人物、建筑、动物等不出现变形。下面详细介绍用内容识别功能缩放图像的方法。

step 1 在 Photoshop CC 中打开名为 17 的图像文件，如图 3-58 所示。

图 3-58

step 3 ① 单击【编辑】菜单，② 在弹出的下拉菜单中选择【内容识别比例】命令，如图 3-60 所示。

编辑(E) **①** 图像(I)	图层(L)	类型(Y)	选择
还原建立图层(O)		Ctrl+Z
前进一步(W)		Shift+Ctrl+Z
后退一步(K)		Alt+Ctrl+Z
渐隐(D)...		Shift+Ctrl+F
内容识别比例	**②** +Shift+Ctrl+C
操控变形	
合并拷贝(Y)		Shift+Ctrl+C
粘贴(P)		Ctrl+V

图 3-60

step 5 从缩放结果中可以看到人物变形非常严重，单击工具选项栏中的【保护肤色】按钮，Photoshop 会自动分析图像，尽量避免包含皮肤颜色的区域变形，此时画面虽然变窄了，但人物比例和结构没有明显的变化，如图 3-62 所示。

step 2 由于内容识别比例不能处理背景图层，需要先将背景图层转换为普通图层，按住 Alt 键双击背景图层，如图 3-59 所示。

图 3-59

step 4 图像四周显示定界框，将鼠标指针移至右侧中间位置的控制点上，单击并向左移动鼠标，如图 3-61 所示。

图 3-61

step 6 按 Enter 键确认操作。通过以上步骤即可完成使用内容识别功能缩放图像的操作，如图 3-63 所示。

图 3-62

图 3-63

3.5.8　操控变形

　　操控变形是 Photoshop CC 新增的一项图像变形功能，与 Autodesk 3ds Max 的骨骼系统有相似之处，它是一种可视网络。借助该网格，用户可以随意扭曲特定的图像区域，同时保持其他区域不变。下面详细介绍操控变形的操作方法。

step 1　在 Photoshop CC 中打开名为 12 的图像文件，如图 3-64 所示。

step 2　在【图层】面板中选择"长颈鹿"图层，① 单击【编辑】菜单，② 在弹出的下拉菜单中选择【操控变形】命令，如图 3-65 所示。

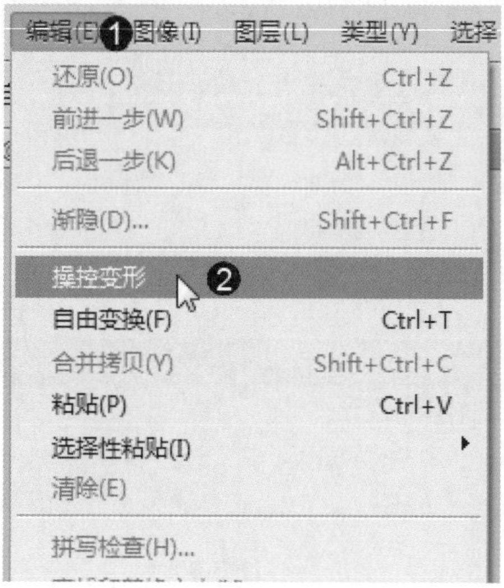

图 3-64

图 3-65

step 3　长颈鹿图像上显示变形网格，在工具选项栏中将【模式】设置为【正常】、【浓度】设置为【较少点】，在网格上单击，添加图钉，如图 3-66 所示。

step 4　在工具选项栏中取消勾选【显示网格】复选框，单击图钉并拖动鼠标即可改变长颈鹿的动作，单击选项栏中的【提交操控变形】按钮 即可结束操作，如图 3-67 所示。

图 3-66

图 3-67

Section 3.6 历史记录面板

手机扫描下方二维码，观看本节视频课程

【历史记录】面板用于记录编辑图像过程中所进行的操作步骤。使用该面板可以恢复到某一步的状态，同时可以再次返回到当前的操作状态。本节将详细介绍【历史记录】面板的使用方法。

3.6.1　认识历史记录面板

单击【窗口】菜单，在弹出的下拉菜单中选择【历史记录】命令，即可打开【历史记录】面板，如图 3-68 和图 3-69 所示。

- 【从当前状态创建新文档】按钮：单击该按钮，可在当前的历史状态中创建一个新图像文档。
- 【创建新快照】按钮：单击此按钮，用户可在当前的历史状态中创建一个临时副本文件。
- 【删除历史状态】按钮：用于删除当前选择的历史状态。
- 【设置历史记录画笔源】按钮：使用【历史记录画笔】工具时，该图标所在的位置代表历史记录画笔的源图像。

53

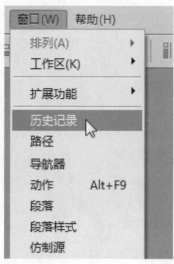

图 3-68   图 3-69

3.6.2 用历史记录面板还原图像

【历史记录】面板可以很直观地显示用户进行的各项操作,使用鼠标单击历史操作栏,用户可以回到任何一项记载的操作。下面介绍使用【历史记录】面板还原图像的方法。

 在 Photoshop CC 中打开名为 1 的图像文件,如图 3-70 所示。

图 3-70

 模糊效果如图 3-72 所示。

图 3-72

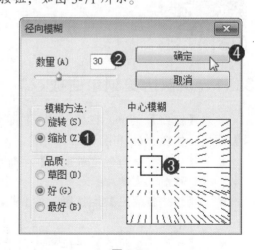 执行【滤镜】→【模糊】→【径向模糊】菜单命令,① 弹出【径向模糊】对话框,选中【缩放】单选按钮,② 将【数量】设置为 30,③ 在缩览图中单击,将模糊中心定位在图中位置,④ 单击【确定】按钮,如图 3-71 所示。

图 3-71

step 4 按 Ctrl+M 组合键，打开【曲线】对话框，① 在【预设】下拉列表框中选择【反冲】选项，② 单击【确定】按钮，如图 3-73 所示。

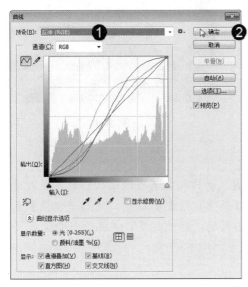

图 3-73

step 6 下面进行还原操作。单击【历史记录】面板中的【径向模糊】按钮，如图 3-75 所示。

图 3-75

step 8 打开文件时，图像的初始状态会自动登录到快照区，单击快照区，如图 3-77 所示。

图 3-77

step 5 效果如图 3-74 所示。

图 3-74

step 7 即可将图像恢复到该步骤时的编辑状态，如图 3-76 所示。

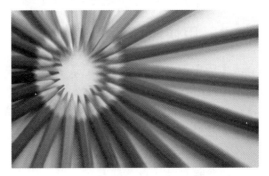

图 3-76

step 9 即可撤销所有操作。即使中途保存过文件，也能将其恢复到最初的打开状态，如图 3-78 所示。

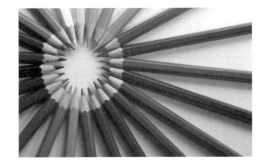

图 3-78

第 3 章 图像操作

如果要恢复所有被撤销的操作，可单击最后一步操作"曲线"，如图 3-79 所示。

 图像恢复所有操作，效果如图 3-80 所示。

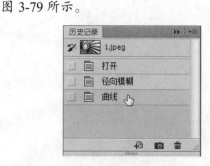

图 3-79

图 3-80

 知识精讲

在 Photoshop 中对面板、颜色设置、动作和首选项做出的修改不是对某个特定图像的更改，因此，不会记录在【历史记录】面板中。【历史记录】面板的保存数量不是越多越好，数量越多占用的内存就越多，电脑运行会变慢。

3.6.3 用快照还原图像

【历史记录】面板只能记录 20 步操作，但是如果使用画笔工具、涂抹工具等绘画工具编辑图像时，每单击一次鼠标，Photoshop 就会自动记录一个操作步骤。例如，使用画笔工具对文件进行涂抹时，面板记录的全是画笔单击状态，如图 3-81 所示。进行还原操作时，根本无法分辨哪一步是自己需要的状态，这就使得【历史记录】面板的还原能力非常有限。

有两种方法可以解决这个问题。第一种方法是执行【编辑】→【首选项】→【性能】菜单命令，打开【首选项】对话框，在【历史记录状态】选项中增加历史记录的保存数量，如图 3-82 所示，但这又会产生一个问题，就是历史步骤数量越多，占用的内存就越多。第二种方法更实用些。每当绘制完重要的图形后，就单击【历史记录】面板中的【创建新快照】按钮 ，将画面的当前状态保存为一个快照，以后不论绘制了多少步，即使面板中新的步骤已经将其覆盖了，也可以通过单击快照将图像恢复为快照所记录的效果，如图 3-83 所示。

图 3-81

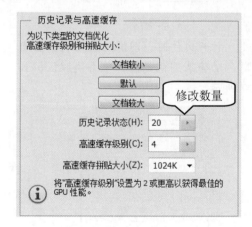

图 3-82

在【历史记录】面板中单击要创建为快照的状态，按住 Alt 键单击【创建新快照】按钮，或者执行【面板】菜单中的【新建快照】命令，可在打开的【新建快照】对话框中通过设置选项创建快照，如图 3-84 所示。

- 【名称】文本框：在该文本框中，可以输入快照的名称。
- 【自】下拉按钮：可以选择创建的快照内容。选择【全文档】选项，可创建图像当前状态下所有图层的快照；选择【合并的图层】选项，建立的快照会合并当前状态下图像中的所有图层；选择【当前图层】选项，只创建当前状态下所选图层的快照。

图 3-83

图 3-84

Section 3.7 范例应用与上机操作

手机扫描下方二维码，观看本节视频课程

　　在本节的学习过程中，将侧重介绍和讲解与本章知识点有关的范例应用及技巧，主要包括通过变形为杯子贴图、使用 Alpha 通道保护图像等内容。用户可以根据掌握的图形变换技巧制作案例。

3.7.1　通过变形为杯子贴图

　　如果要对图像的局部进行扭曲，可以使用【变形】命令来操作，执行该命令时，图像上会出现变形网格和锚点，拖曳锚点或调整方向线可以对图像进行更加自由、灵活的变形处理。

素材文件 第 3 章\素材文件\18.jpg、19.jpg
效果文件 第 3 章\效果文件\杯子贴图.jpg

第三章　图像操作

57

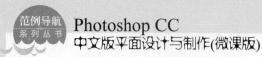
step 1 在 Photoshop 中打开名为 18 和 19 的图像文件，使用移动工具将 19 素材拖入 18 素材中，如图 3-85 所示。

图 3-85

step 3 图像上显示出变形网格，将 4 个角上的锚点拖曳到杯体边缘，使之与边缘对齐，如图 3-87 所示。

图 3-87

step 5 按 Enter 键确认变换操作，在【图层】面板中将"图层 1"的【混合模式】设置为【柔光】，使贴图效果更加真实，如图 3-89 所示。

图 3-89

step 2 按 Ctrl+T 组合键，调出定界框，在图像上右击，在弹出的快捷菜单中选择【变形】命令，如图 3-86 所示。

图 3-86

step 4 拖曳左、右两侧锚点上的方向点，使图像向内收缩，再调整图像上面和底部的控制点，使图像依照杯子的结构扭曲，并覆盖住杯子，如图 3-88 所示。

图 3-88

step 6 单击【图层】面板底部的【添加图层蒙版】按钮，为图层添加蒙版，使用柔角画笔工具在超出杯子边缘的贴图上涂抹黑色，用蒙版将其掩盖，按 Ctrl+J 组合键复制图层，使贴图更加清晰，将图层的【不透明度】设置为 50%，如图 3-90 所示。

图 3-90

step 7 通过以上步骤即可完成使用【变形】命令为杯子贴图的操作，如图 3-91 所示。

图 3-91

3.7.2　使用 Alpha 通道保护图像

通过内容识别功能缩放图像时，如果 Photoshop 不能识别重要的对象，并且即使单击【保护肤色】按钮也无法改善变形效果，这时可以通过 Alpha 通道来指定哪些重要内容需要保护。

素材文件 第 3 章\素材文件\20.jpg
效果文件 第 3 章\效果文件\20.jpg

step 1 在 Photoshop 中打开名为 20 的图像文件，如图 3-92 所示。

图 3-92

step 3 执行【编辑】→【内容识别比例】菜单命令，显示定界框，向左侧拖曳控制点，使画面变窄，可以看到人物的胳膊变形比较严重，如图 3-94 所示。

图 3-94

step 2 按住 Alt 键双击背景图层，将背景图层转换为普通图层，如图 3-93 所示。

图 3-93

step 4 单击工具选项栏中的【保护肤色】按钮，这次效果有了一些改善，但仍存在变形，而且背景严重扭曲，如图 3-95 所示。

图 3-95

第３章　图像操作

59

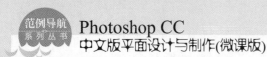

step 5 按 Esc 键取消操作，单击【快速选择工具】按钮，在人物身上单击并拖动鼠标将其选中，如图 3-96 所示。

图 3-96

step 7 按 Ctrl+D 组合键取消选区，执行【编辑】→【内容识别比例】菜单命令，向左侧拖曳控制点，使画面变窄，再单击【保护肤色】按钮，使该按钮弹起；在【保护】下拉列表框中选择 Alpha1 选项，通道中人的白色区域所对应的图像便会受到保护，不会变形，如图 3-98 所示。

step 6 在【通道】面板中单击【将选区存储为通道】按钮，将选区保存为 Alpha 通道，如图 3-97 所示。

图 3-97

图 3-98

Section 3.8　本章小结与课后练习

本节内容无视频课程

本章主要介绍了像素与分辨率、设置图像尺寸和画布、剪切、复制和粘贴图像、裁剪和裁切图像、图像的变换与变形操作以及【历史记录】面板等内容。学习本章内容后，用户可以了解图像的基本操作，为进一步使用软件制作图像奠定了基础。

3.8.1　思考与练习

1. 填空题

(1) _____是指位图图像中的细节精细度，测量单位是像素/英寸(ppi)，每英寸的像素越多，分辨率越高。

(2) 在【画布大小】对话框中，_____区域显示了图像高度和宽度的实际尺寸和文档的实际大小；＿＿＿＿＿＿＿和＿＿＿＿＿＿＿文本框用来输入画布的新尺寸。

2. 判断题

(1) 一般来说，图像的分辨率越高，印刷出来的质量就越好。 （ ）

(2) 在【裁切】对话框中，选中【左上角像素颜色】单选按钮可以删除图像右下角像素颜色的区域。 （ ）

3. 思考题

(1) 如何对图像进行透视变换？

(2) 如何裁剪图像？

3.8.2 上机操作

(1) 通过本章的学习，读者基本可以掌握图像的变换与变形方面的知识，下面通过练习使用【变形】命令为杯子贴图，以达到巩固与提高的目的。

(2) 通过本章的学习，读者基本可以掌握剪切、复制和粘贴图像方面的知识，下面通过复制与合并复制图像，以达到巩固与提高的目的。

第**4**章

图像选区的应用

本章主要介绍什么是选区、规则形状选取工具的应用、不规则形状选取工具的应用、运用魔棒工具和快速选择工具以及创建选区的基本操作方面的知识与技巧，同时讲解如何编辑选区。通过本章的学习，读者可以掌握图像选区应用方面的知识，为深入学习Photoshop CC 知识奠定基础。

本 章 要 点

1. 选区概述
2. 规则形状选取工具的应用
3. 不规则形状选取工具的应用
4. 运用魔棒工具和快速选择工具
5. 创建选区的基本操作
6. 编辑选区的操作

Section

4.1

选区概述

手机扫描下方二维码，观看本节视频课程

在 Photoshop 中处理图像时，经常需要针对局部效果进行调整，通过选择特定区域，可以对该区域进行编辑并保证未选定区域不会被改动，这时就需要为图像指定一个有效的编辑区域，即创建选区。本节将介绍选区的基本知识。

4.1.1 选区的概念

选区是指通过工具或者命令在图像上创建的选取范围，如图 4-1 所示。创建选区轮廓后，用户可以对选区内的区域进行复制、移动、填充或颜色校正等操作。

图 4-1

选区的作用主要有 3 个：① 选取所需的图像轮廓，以便对选取的图像进行移动、复制等操作；② 创建选区后通过填充等操作形成相应形状的图像；③ 选区在处理图像时起着保护选区外图像的作用，约束各种操作只对选区内的图像有效，防止选区外的图像受影响。

4.1.2 选区的种类

在 Photoshop CC 中，选区可分为普通选区和羽化选区两种。普通选区是指通过魔棒工具、选框工具、套索工具和【色彩范围】命令等创建的选区，具有明显边界的选区，如图 4-2 所示；羽化选区则是将在图像中创建的普通选区的边界进行柔化后得到的选区，如图 4-3 所示。应该注意的是，根据羽化数值的不同，羽化的效果也不同，一般羽化的数值越大，其羽化的范围也越大。

图 4-2

图 4-3

Section 4.2　规则形状选取工具的应用

手机扫描下方二维码，观看本节视频课程

　　Photoshop 中包含多种方便快捷的选取工具组，包括选框工具组、套索工具组、魔棒与快速选择工具组，每个工具组中又包含多种工具。本节将详细介绍使用规则形状工具制作选区的方法。

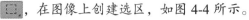

4.2.1　矩形选框工具

　　在 Photoshop CC 中，用户可以使用工具箱中的矩形选框工具在图像中选取矩形或正方形选区。下面介绍使用矩形选框工具的方法。

 在 Photoshop 中打开名为 2 的图像素材，单击【矩形选框工具】按钮，在图像上创建选区，如图 4-4 所示。

 按 Ctrl+C 组合键复制图像，打开名为 3 的图像，按 Ctrl+V 组合键粘贴图像，如图 4-5 所示。

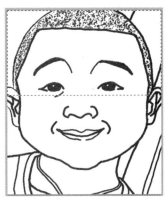

图 4-4

图 4-5

step 3　打开名为 4 的图像，使用矩形选框工具创建选区，按 Ctrl+C 组合键复制图像，如图 4-6 所示。

step 4　切换至 3 图像中，按 Ctrl+V 组合键粘贴图像。通过以上步骤即可完成使用矩形选框工具创建选区的操作，如图 4-7 所示。

图 4-6

图 4-7

图 4-8 所示为矩形选框工具的选项栏，主要选项含义如下。

| □ ▼ | ■ ❏ ❐ 回 | 羽化: 0 像素 | □ 消除锯齿 | 样式: 正常 ▼ | 宽度: | ⇄ | 高度: | 调整边缘... |

图 4-8

- 【新选区】按钮：单击该按钮，表示创建新选区，原选区将被覆盖。
- 【添加到选区】按钮：单击该按钮，表示创建的选区将与已有的选区进行合并。
- 【从选区中减去】按钮：单击该按钮，表示将从原选区中减去重叠部分成为新的选区。
- 【与选区交叉】按钮：单击该按钮，表示将创建的选区与原选区的重叠部分作为新选区。
- 【羽化】文本框：用来设置选区的羽化范围。
- 【消除锯齿】复选框：用于消除选区锯齿边缘，只能在选择了椭圆选框工具后才可用。
- 【样式】下拉列表框：用来设置选区的创建方法。选择【正常】选项，可通过拖动鼠标创建任意大小的选区；选择【固定比例】选项，可在右侧的【宽度】和【高度】文本框中输入数值，创建固定比例的选区，单击【高度与宽度互换】按钮，可以切换【宽度】与【高度】值。
- 【调整边缘】按钮：单击该按钮，可以打开【调整边缘】对话框，对选区进行平滑、羽化等处理。

4.2.2 椭圆选框工具

在 Photoshop CC 中，用户可以使用工具箱中的椭圆选框工具在图像中选取椭圆形或正圆形选区。下面介绍使用椭圆选框工具的方法。

step 1 在 Photoshop 中打开名为 5 的图像素材，单击工具箱中的【椭圆选框工具】按钮 ◯，按住 Shift 键在画面中单击并拖动鼠标创建圆形选区，同时按住空格键移动选区，使选区与唱片对齐，如图 4-9 所示。

图 4-9

step 3 按 Ctrl+C 组合键复制图像，打开名为 6 的图像，按 Ctrl+V 组合键粘贴图像，如图 4-11 所示。

图 4-11

step 2 在工具选项栏中单击【从选区减去】按钮 ⌷，选中唱片中心的白色背景，将其排除到选区之外，如图 4-10 所示。

图 4-10

step 4 执行【图层】→【图层样式】→【投影】菜单命令，打开【图层样式】对话框，① 为唱片添加投影效果，② 单击【确定】按钮，如图 4-12 所示。

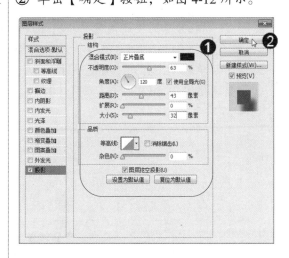

图 4-12

5 得到的效果如图 4-13 所示。

图 4-13

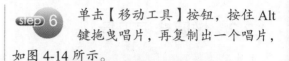 **6** 单击【移动工具】按钮，按住 Alt
键拖曳唱片，再复制出一个唱片，
如图 4-14 所示。

图 4-14

知识精讲

　　使用椭圆选框工具单击并拖动鼠标，可以创建椭圆选区；按住 Alt 键，会以单击点为圆心向外创建椭圆选区；按住 Shift 键，会创建正圆形选区；按住 Shift+Alt 组合键，会以单击点为中心向外创建正圆形选区。

4.2.3 单列选框工具

　　在 Photoshop CC 中，用户可以使用单列选框工具创建宽度为 1 像素的图像，同时用户可以进行多次选取。下面介绍运用单列选框工具的方法。

 1 打开名为 7 的图像，执行【编辑】
→【首选项】→【参考线、网格和
切片】菜单命令，打开【首选项】对话框，
①调整网格间距，②单击【确定】按钮，如
图 4-15 所示。

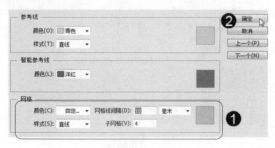

图 4-15

 2 执行【视图】→【显示】→【网格】
菜单命令，在画面中显示网格，如
图 4-16 所示。

图 4-16

（step 3）单击【单列选框工具】按钮，在工具选项栏中单击【添加到选区】按钮，在网格线上单击，创建宽度为1像素的选区，如图4-17所示。

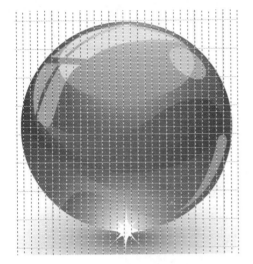

图4-17

（step 5）设置背景色为白色，按Ctrl+Delete组合键在选区内填充背景色，按Ctrl+D组合键取消选区，执行【视图】→【隐藏】→【网格】菜单命令，隐藏网格，如图4-19所示。

图4-19

（step 7）按Ctrl+Alt+G组合键创建剪贴蒙版，用下面图层中的水晶圆球限定网格的显示范围，将超出圆球以外的网格隐藏，如图4-21所示。

（step 4）单击【图层】面板底部的【创建新图层】按钮，在"图层1"上面新建一个图层，如图4-18所示。

图4-18

（step 6）按Ctrl+T组合键显示定界框，在工具选项栏中输入旋转角度为45°，按Enter键旋转网格线条，如图4-20所示。

图4-20

（step 8）选择移动工具，按住Alt键拖曳网格，将其复制到右侧的两个圆球上，如图4-22所示。

第4章 图像选区的应用

图 4-21

图 4-22

4.2.4 单行选框工具

使用单行选框工具可以创建高度为 1 像素的选区,如图 4-23 所示。在使用时可以将图像放大后再进行选取。其参数设置与矩形选框工具相同。不同的是选择工具后只需在图像窗口中单击便可创建选区。使用方法与单列选框工具类似,这里不再赘述。

图 4-23

Section 4.3 不规则形状选取工具的应用

手机扫描下方二维码,观看本节视频课程

Photoshop 中的不规则形状选取工具包括套索工具、多边形套索工具以及磁性套索工具。不规则形状选取工具可以帮助用户选取不规则形状的物体。本节将详细介绍使用不规则形状工具制作选区的方法。

4.3.1 套索工具

单击工具箱中的【套索工具】按钮 ，将鼠标指针移动到要选取图像的起始点，单击并按住鼠标左键不放，沿图像的轮廓移动鼠标，当回到图像起始点时释放鼠标，即可选取图像，如图 4-24 所示。

图 4-24

4.3.2 多边形套索工具

多边形套索工具适用于为边界多为直线或边界曲折的复杂图形创建选区。

step 1 打开名为 10 的图像素材，单击【多边形套索工具】按钮 ，单击白色大门上的一点作为起始点，然后依次在大门上单击选择不同的点，最后汇合到起始点创建选区，如图 4-25 所示。

step 2 打开名为 11 的图像素材，按住 Ctrl 键拖曳鼠标至 11 素材中，如图 4-26 所示。

图 4-25

图 4-26

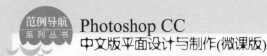
step 3 按 Ctrl+T 组合键显示定界框,调整门的大小,使其正好覆盖原来的门,按 Enter 键确认变换操作。通过以上步骤即可完成使用多边形套索工具创建选区的操作,如图 4-27 所示。

智慧锦囊

使用多边形套索工具时,按住 Alt 键单击并拖动鼠标,可以切换为套索工具,此时拖动鼠标可徒手绘制选区;放开 Alt 键可恢复为多边形套索工具。

图 4-27

4.3.3 磁性套索工具

在 Photoshop CC 中,如果图像与背景对比明显,同时图像的边缘清晰,用户可以使用磁性套索工具快速选取图像选区。下面介绍运用磁性套索工具创建选区的方法。

step 1 打开名为 12 的图像素材,单击【磁性套索工具】按钮 ,在图像上单击确定起始点,然后将鼠标指针沿着要选择图像的边缘慢慢地移动,选取的点会自动吸附到色彩差异的边沿,拖曳鼠标至起始点,单击闭合选区,如图 4-28 所示。

step 2 执行【图层】→【新建】→【通过拷贝的图层】菜单命令,将选区复制到一个新图层,执行【图像】→【调整】→【替换颜色】菜单命令,弹出【替换颜色】对话框,设置参数,单击【确定】按钮,如图 4-29 所示。

图 4-28

图 4-29

3 替换颜色后的效果如图 4-30 所示。

 智慧锦囊

使用磁性套索工具时，按 Caps Lock 键，光标会变为 ⊕ 形状，此时圆形的大小代表了工具能够检测到的边缘宽度。按 [键和] 键，可调整检测宽度。

图 4-30

Section 4.4 运用魔棒工具与快速选择工具

手机扫描下方二维码，观看本节视频课程

魔棒工具和快速选择工具是基于色调和颜色差异来构建选区的工具，它们可以快速选择色彩变化不大且色调相近的区域。前者通过单击来创建选区，后者则需要像绘画一样绘制选区。本节将介绍使用魔棒工具与快速选择工具制作选区的方法。

4.4.1 运用魔棒工具

使用魔棒工具可以选取图像中颜色相同或相近的图像区域，常用于选择颜色和色调比较单一的图像区域。魔棒工具的选项栏如图 4-31 所示。

图 4-31

- 【容差】文本框：用于设置选取的颜色范围，输入的数值越大，选取的颜色范围也越大；数值越小，选择的颜色就越接近，范围就越小。
- 【消除锯齿】复选框：选中该复选框可以消除选区边缘的锯齿。
- 【连续】复选框：选中该复选框表示只选取与单击处相邻的颜色区域，未选中时表示可将不相邻的区域(即整个图层中颜色相近的部分)也加入选区。
- 【对所有图层取样】复选框：当图像含有多个图层时，选中该复选框表示对图像中所有的图层起作用，未选中则只在当前图层中创建选区。

step 1 打开名为 13 的图像，单击【魔棒工具】按钮，在图像上单击天空位置，建立选区，如图 4-32 所示。

图 4-32

step 3 设置前景色 RGB 数值为 38、123、203，背景色 RGB 数值为 153、212、252，在渐变工具选项栏中单击【线性渐变】按钮，在选区中使用鼠标从上至下拖曳进行填充，如图 4-34 所示。

图 4-34

step 2 单击工具箱中的【渐变工具】按钮，在工具选项栏中单击【点按可编辑渐变】按钮，弹出【渐变编辑器】对话框，在【预设】区域选择【前景色到背景色渐变】预设样式，单击【确定】按钮，如图 4-33 所示。

图 4-33

step 4 按 Ctrl+D 组合键取消选区。通过以上步骤即可完成使用魔棒工具创建选区的操作，如图 4-35 所示。

图 4-35

4.4.2 运用快速选择工具

在 Photoshop CC 中使用快速选择工具，用户可以通过画笔笔尖接触图形，自动查找图像边缘。下面介绍运用快速选择工具的方法。

step 1 打开名为 14 的图像素材，单击【快速选择工具】按钮 ✎，在工具栏中设置笔尖大小，如图 4-36 所示。

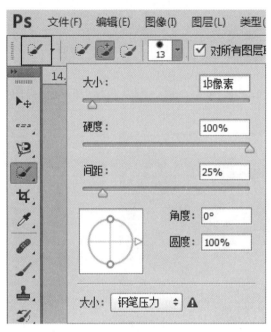

图 4-36

step 3 一些背景也被选中，按住 Alt 键在选中的背景 (鞋子下面、手臂空隙)上单击并拖动鼠标，将其从选区中排除，如图 4-38 所示。

图 4-38

step 2 在人物帽子上单击并沿身体拖动鼠标，将小孩选中，如图 4-37 所示。

图 4-37

step 4 打开名为 15 的图像素材，使用移动工具将选区拖曳到 15 文件中。通过以上步骤即可完成运用快速选择工具创建选区的操作，如图 4-39 所示。

图 4-39

　　选区的基本操作包括全选与反选、移动选区、变换选区、存储选区以及载入选区等。熟练掌握选区的基本操作对抠图有非常大的帮助，可以节省很多操作时间。本节将详细介绍选区的基本操作。

4.5.1　全选与反选

　　执行【选择】→【全部】菜单命令，或者按 Ctrl+A 组合键，可以选择当前文档内的全部图像，如图 4-40 所示。

图 4-40

　　创建选区后，执行【选择】→【反向】菜单命令，或者按 Shift+Ctrl+I 组合键，可以反转选区。如果需要选择的对象背景色比较简单，可以先用魔棒工具选择背景，如图 4-41 所示，再用"反向"命令反转选区，将对象选中，如图 4-42 所示。

图 4-41

图 4-42

4.5.2　移动选区

使用矩形选框工具、椭圆选框工具创建选区时，在放开鼠标按键前，按住空格键拖动鼠标，即可移动选区。

创建选区后，如果工具选项栏中的【新选区】按钮 □ 为按下状态，则使用选框工具、套索工具和魔棒工具时，只要将光标放在选区内，单击并拖动鼠标即可移动选区，如图4-43和图4-44所示。如果要轻微移动选区，可以按键盘上的→、←、↑、↓键。

图 4-43

图 4-44

4.5.3　变换选区

在 Photoshop CC 中创建选区后，用户可以对创建的选区进行变换操作。下面介绍变换选区的方法。

step 1　打开名为 18 的图像素材，使用椭圆选框工具在图像上创建选区，如图4-45 所示。

step 2　① 单击【选择】菜单，② 在弹出的下拉菜单中选择【变换选区】命令，如图 4-46 所示。

图 4-45

选择(S) ❶ 镜(T)　3D(D)　视图(V)	
全部(A)	Ctrl+A
取消选择(D)	Ctrl+D
重新选择(E)	Shift+Ctrl+D
反向(I)	Shift+Ctrl+I
所有图层(L)	Alt+Ctrl+A
变换选区(T) ❷	

图 4-46

第 4 章　图像选区的应用

选区四周出现定界框，旋转选区并
调整选区大小，如图 4-47 所示。

 按 Enter 键完成变换操作。通过以
上步骤即可完成变换选区的操作，
如图 4-48 所示。

图 4-47

图 4-48

4.5.4 存储选区

一些复杂的图像制作需要花费大量时间，为避免因断电或其他原因造成劳动成果付诸
东流，应及时保存选区，同时也会为以后的使用和修改带来方便。下面详细介绍存储选区
的操作方法。

 打开名为 18 的图像素材，使用椭
圆选框工具在图像上创建选区，如
图 4-49 所示。

 ① 单击【选择】菜单，② 在弹出
的下拉菜单中选择【存储选区】命
令，如图 4-50 所示。

图 4-49

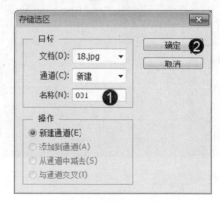

图 4-50

图 4-51

 打开【存储选区】对话框，① 在
【名称】文本框中输入名称，② 单
击【确定】按钮即可完成存储选区的操作，
如图 4-51 所示。

4.5.5 载入选区

用户也可以将选区加载到 Photoshop CC 中，载入选区的方法非常简单。下面详细介绍载入选区的操作方法。

 将上一节的选区保存后，按 Ctrl+D 组合键取消选区，① 单击【选择】菜单，② 在弹出的下拉菜单中选择【载入选区】命令，如图 4-52 所示。

图 4-52

图像上将自动显示刚刚保存过的选区，如图 4-53 所示。

图 4-53

在【载入选区】对话框中各选项的功能如下。

- 【文档】下拉列表框：用来选择包含选区的目标文件。
- 【通道】下拉列表框：用来选择包含选区的通道。
- 【反向】复选框：勾选该复选框，可以反转选区，这就相当于载入选区后执行反向命令。
- 【操作】区域：如果当前文档中包含选区，可以通过该选项设置如何合并载入的选区。选中【新建选区】单选按钮，可用载入的选区替换当前选区；选中【添加到选区】单选按钮，可将载入的选区添加到当前选区中；选中【从选区中减去】单选按钮，可以从当前选区中减去载入的选区；选中【与选区交叉】单选按钮，可以得到载入的选区与当前选区交叉的区域。

Section
4.6 编辑选区的操作

手机扫描下方二维码，观看本节视频课程

在 Photoshop CC 中创建选区后，往往要对其进行加工和编辑，才能使选区符合要求。用户可以对其进行调整边缘、平滑选区、扩展选区、收缩选区、边界选区、羽化选区等操作。

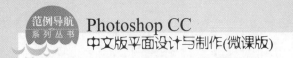

4.6.1　平滑选区

创建选区后，执行【选择】→【修改】→【平滑】菜单命令，打开【平滑选区】对话框，① 在【取样半径】文本框中输入数值，② 单击【确定】按钮，可以让选区变得更加平滑，如图 4-54 和图 4-55 所示。

图 4-54　　　　　　　　　　　　　　　图 4-55

知识精讲

　　使用魔棒工具或【色彩范围】命令选择对象时，选区边缘往往较为生硬，可以使用【平滑】命令对选区边缘进行平滑处理。在 Photoshop CC 中使用【平滑】命令时，如果平滑半径的数值设置超出了选取的范围，会弹出警告对话框提示数值超出允许范围。

4.6.2　扩展与收缩选区

创建选区后，执行【选择】→【修改】→【扩展】菜单命令，打开【扩展选区】对话框，在【扩展量】文本框中输入数值，单击【确定】按钮，即可扩大选取范围，如图 4-56 和图 4-57 所示。创建选区后，执行【选择】→【修改】→【收缩】菜单命令，打开【收缩选区】对话框，在【收缩量】文本框中输入数值，单击【确定】按钮，即可收缩选取范围。

图 4-56　　　　　　　　　　　　　　　图 4-57

4.6.3 羽化选区

在 Photoshop CC 中，羽化是指通过设置像素值对图像边缘进行模糊的操作。一般来说，羽化数值越大，图像边缘虚化程度越大。下面介绍羽化选区的方法。

step 1 打开名为 21 的图像素材，双击背景图层，将其转换为普通图层，使用矩形选框工具创建选区，如图 4-58 所示。

图 4-58

step 3 弹出【羽化选区】对话框，① 在【羽化半径】文本框中输入数值，② 单击【确定】按钮，如图 4-60 所示。

图 4-60

step 4 选区发生改变，用鼠标右键单击选区内的图像，在弹出的快捷菜单中选择【选择反向】命令，如图 4-61 所示。

图 4-61

step 2 ① 单击【选择】菜单，② 在弹出的下拉菜单中选择【修改】命令，③ 选择【羽化】子命令，如图 4-59 所示。

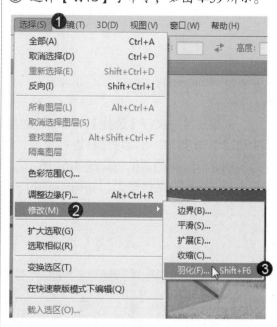

图 4-59

step 5 选区已经反选，如图 4-62 所示。

图 4-62

第4章 图像选区的应用

81

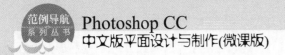
step 6　按 Delete 键删除选区内的图像，可以看到剩下的图像边缘呈半透明状态，按 Ctrl+D 组合键取消选区。通过以上步骤即可完成羽化选区的操作，如图 4-63 所示。

图 4-63

4.6.4　调整边缘

创建选区，执行【选择】→【调整边缘】菜单命令，弹出【调整边缘】对话框，在【调整边缘】选项组中可以对选区进行平滑、羽化、扩展等处理。

创建一个矩形选区，如图 4-64 所示，然后打开【调整边缘】对话框，选择在【背景图层】模式下预览选区效果，如图 4-65 所示。

图 4-64　　　　　　　　　　　　　　图 4-65

【调整边缘】对话框中部分选项含义如下。

● 【平滑】选项：可以减少选区边界中的不规则区域，创建更加平滑的选区轮廓。对于矩形选区，则可使其边角变得圆滑，如图 4-66 所示。

● 【羽化】选项：可为选区设置羽化(范围为 0~250 像素)，让选区边缘的图像呈现透明效果，如图 4-67 所示。

● 【对比度】选项：可以锐化选区边缘并去除模糊的不自然感。对于添加了羽化效果的选区，增加对比度可以减少或消除羽化。

● 【移动边缘】选项：负值为收缩选区边界，如图 4-68 所示；正值为扩展选区边界，如图 4-69 所示。

图 4-66

图 4-67

图 4-68

图 4-69

4.6.5 边界选区

在图像中创建选区，如图 4-70 所示。执行【选择】→【修改】→【边界】菜单命令，可以将选区的边界向内部和外部扩展，扩展后的边界与原来的边界形成新的选区。在【边界选区】对话框中，【宽度】文本框用于设置选区的扩展像素。例如，在文本框中输入 30 像素时，原选区会分别向外和向内扩展 15 像素，如图 4-71 所示。

图 4-70

图 4-71

4.6.6 描边选区

【描边】命令可以在选区边界处绘制边框效果。下面详细介绍对选区进行描边的操作方法。

step 1 打开名为 24 的图像，双击背景图层，将其转换为普通图层，使用快速选择工具创建选区，如图 4-72 所示。

图 4-72

step 2 ① 单击【编辑】菜单，② 在弹出的下拉菜单中选择【描边】命令，如图 4-73 所示。

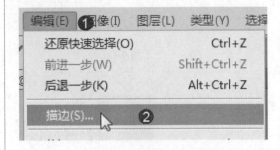

图 4-73

step 3 弹出【描边】对话框，① 在【宽度】文本框中输入数值，② 设置描边颜色为白色，③ 选中【居外】单选按钮，④ 单击【确定】按钮，如图 4-74 所示。

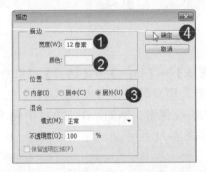

图 4-74

step 4 按 Ctrl+D 组合键取消选区。通过以上步骤即可完成描边选区的操作，如图 4-75 所示。

图 4-75

Section 4.7 范例应用与上机操作

手机扫描下方二维码，观看本节视频课程

在本节的学习过程中，将侧重介绍和讲解与本章知识点有关的范例应用及技巧，主要包括运用【色彩范围】命令创建选区、运用快速蒙版创建选区等内容。用户可以根据需要使用这两种方式创建选区，以方便使用。

4.7.1　运用【色彩范围】命令创建选区

　　【色彩范围】命令可根据图像的颜色范围创建选区，在这一点上它与魔棒工具有很多的相似之处，但该命令提供了更多的控制选项，因此选择精度更高。

素材文件❀第4章\素材文件\25.jpg、26.jpg

效果文件❀第4章\效果文件\26.jpg

step 1　打开名为25的图像，① 单击【选择】菜单，② 选择【色彩范围】命令，如图4-76所示。

图 4-76

step 3　取样完成后，【色彩范围】对话框的预览区域如图4-78所示。

图 4-78

step 2　弹出【色彩范围】对话框，在文档窗口中的人物背景上单击，进行颜色取样，如图4-77所示。

图 4-77

step 4　单击【添加到取样】按钮，在右上角的背景区域单击并向下移动鼠标，如图4-79所示。

图 4-79

step 5　该区域的背景全部添加到选区中，从【色彩范围】对话框的预览区域可以看到背景全部变为白色，如图4-80所示。

图 4-80

step 7　执行【选择】→【反向】菜单命令，选择人物，如图4-82所示。

图 4-82

step 9　执行【图层】→【图层样式】→【内发光】菜单命令，打开【图层样式】对话框，为人物添加内发光效果，让发光颜色盖住图像边缘的蓝色，如图4-84所示。

step 6　① 向左拖曳【颜色容差】滑块，可以让羽毛翅膀的边缘保留一些半透明的像素，② 单击【确定】按钮，如图 4-81 所示。

图 4-81

step 8　打开名为 26 的图像，使用移动工具将人物拖入26素材中，如图4-83所示。

图 4-83

step 10　通过以上步骤即可完成使用【色彩范围】命令创建选区的操作，如图4-85所示。

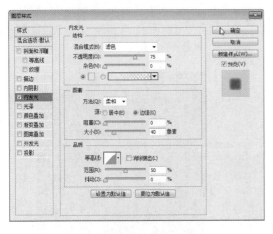

图 4-84

图 4-85

4.7.2　运用快速蒙版创建选区

　　快速蒙版是一种选区转换工具，它能将选区转换成为一种临时的蒙版图像，这样就可以使用画笔、滤镜、钢笔等工具编辑蒙版，之后再将蒙版图像转换为选区，从而实现编辑选区的目的。

素材文件 ❀ 第 4 章\素材文件\27.jpg、28.jpg

效果文件 ❀ 第 4 章\效果文件\28.jpg

 1　打开名为 27 的图像，使用快速选择工具创建选区，如图 4-86 所示。

step 2　执行【选择】→【在快速蒙版模式下编辑】菜单命令，进入快速蒙版编辑状态，未选中的区域会覆盖一层半透明的颜色，被选择区域还是显示为原状，如图 4-87 所示。

图 4-86

图 4-87

step 3　单击工具箱中的【画笔工具】按钮，
　　在工具选项栏中设置画笔参数，如
图 4-88 所示。

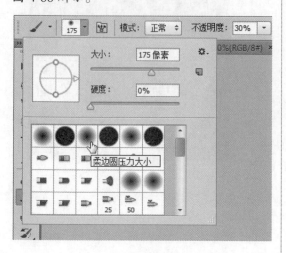

图 4-88

step 5　单击工具箱底部的【以标准模式编
　　辑】按钮 退出快速蒙版，切换
回正常模式。图 4-90 所示为修改后的选区。

图 4-90

step 4　在鞋子四周的投影上进行涂抹，
　　将投影添加到选区，如图 4-89 所
示。

图 4-89

step 6　打开名为 28 的图像，将人物拖入
　　28 素材中，如图 4-91 所示。

图 4-91

创建选区后，双击工具箱中的【以快速蒙版模式编辑】按钮，可以打开【快速蒙版选
项】对话框，如图 4-92 所示。

● 　【被蒙版区域】单选按钮：被蒙版区域是指选区之外的图像区域。将【色彩指示】
　　设置为【被蒙版区域】后，选区之外的图像将被蒙版颜色覆盖，而选中的区域完

全显示图像。

● 【所选区域】单选按钮：所选区域是指选中的区域。如果将【色彩指示】设置为
【所选区域】，选中的区域将被蒙版颜色覆盖，未被选择的区域则显示为图像本身
的效果。该选项比较适合在没有选区的状态下直接进入快速蒙版，然后在快速蒙
版的状态下制作选区。

● 【颜色】色块、【不透明度】文本框：单击颜色色块，可在打开的【拾色器】对话
框中设置蒙版颜色。如果对象与蒙版的颜色非常接近，可以对蒙版颜色做出调整。
【不透明度】文本框用来设置蒙版颜色的不透明度。【颜色】和【不透明度】都只
影响蒙版的外观，不会对选区产生任何影响。

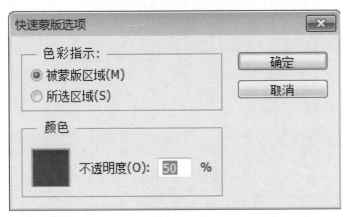

图 4-92

Section 4.8　本章小结与课后练习

本节内容无视频课程

　　本章主要介绍了什么是选区、规则形状选取工具的应用、不规则形状选取工具的应用、
魔棒工具与快速选择工具的应用、创建与编辑选区的基本操作。学习本章内容后，读者可
以掌握图像选区的应用，为进一步使用软件制作图像奠定了基础。

4.8.1　思考与练习

1. 填空题

(1) 在 Photoshop CC 中，用户可以使用工具箱中的矩形选框工具在图像中选取
_____或_____选区。

(2) 在 Photoshop CC 中，选区可分为_____和_____两种。

2. 判断题

(1) 选区是指通过工具或者命令在图层上创建的选取范围。创建选区轮廓后，用户可
以对选区内的区域进行复制、移动、填充或颜色校正等操作。　　　　　　　　（　　）

(2) 【添加到选区】按钮表示创建的选区将与已有的选区进行合并。　　　　（　　）

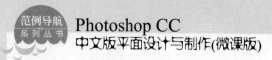

3．思考题

(1) 如何平滑选区？

(2) 如何描边选区？

4.8.2　上机操作

(1) 通过本章的学习，读者基本可以掌握不规则形状选取工具的使用方法，下面通过练习使用多边形套索工具创建选区，以达到巩固与提高的目的。

(2) 通过本章的学习，读者基本可以掌握规则形状选取工具的使用方法，下面通过练习使用椭圆选框工具创建选区，以达到巩固与提高的目的。

第 **5** 章

修复与修饰图像

本章主要介绍修复图像、擦除图像和复制图像方面的知识与技巧，同时讲解如何修饰图像。通过本章的学习，读者可以掌握修饰与修复图像方面的知识，为深入学习 Photoshop CC 知识奠定基础。

1. 修复图像
2. 擦除图像
3. 复制图像
4. 修饰图像

Section 5.1 修复图像

手机扫描下方二维码，观看本节视频课程

Photoshop CC 中包含多种用于修复图像的工具，如修复画笔工具、污点修复画笔工具、修补工具、红眼工具以及颜色替换工具等。使用这些工具不仅能够快捷地消除照片中的瑕疵，还能制作出很多意想不到的效果。

5.1.1 运用修复画笔工具

修复画笔工具可将样本像素的纹理、光照、透明度和阴影与所修复的像素进行匹配，使修复后的像素不留痕迹地融入图像中。下面介绍修复画笔工具的使用方法。

step 1 打开名为 1 的图像，单击【修复画笔工具】按钮，在工具选项栏中选择一个柔角笔尖，在【模式】下拉列表框中选择【替换】选项，将【源】设置为【取样】，将光标放在没有皱纹的皮肤上，按住 Alt 键的同时单击进行取样，如图 5-1 所示。

step 2 放开 Alt 键，在皱纹处单击并拖曳鼠标进行修复。通过以上步骤即可完成使用修复画笔工具去除皱纹的操作，如图 5-2 所示。

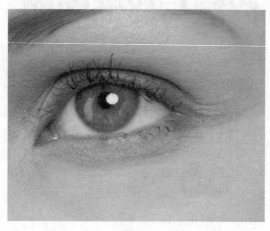

图 5-2

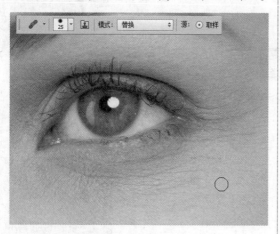

图 5-1

修复画笔工具选项栏如图 5-3 所示。

图 5-3

- 【模式】下拉列表框：在下拉列表框中可以设置修复图像的混合模式。【替换】选项比较特殊，它可以保留画笔描边边缘处的杂色、胶片颗粒和纹理，使修复效果更加真实。

- 【源】选项：设置用于修复像素的来源。选中【取样】单选按钮，可以直接从图像上取样；选中【图案】单选按钮，则可在图案下拉列表框中选择一个图案作为图章绘制图案。

- 【对齐】复选框：勾选该复选框，会对像素进行连续取样，在修复过程中，取样点随修复位置的移动而变化；取消勾选该复选框，则在修复过程中始终以一个取样点为起始点。

- 【样本】下拉列表框：用来设置从指定的图层中进行数据取样。如果要从当前图层及其下方的可见图层中取样，可以选择【当前和下方图层】选项；如果仅从当前图层中取样，可以选择【当前图层】选项；如果要从所有可见图层中取样，可以选择【所有图层】选项；如果要从调整图层以外的所有可见图层中取样，可以选择【所有图层】选项，然后再单击右侧的【打开以在修复时忽略调整图层】按钮 。

5.1.2 运用污点修复画笔工具

在 Photoshop CC 中，污点修复画笔工具可以快速移去照片中的污点和其他不理想部分。下面介绍污点修复画笔工具的使用方法。

 step 1 打开名为 2 的图像，如图 5-4 所示。

图 5-4

step 2 单击【污点修复画笔工具】按钮 ，在工具选项栏中选择一个柔角笔尖，将【类型】设置为【内容识别】，如图 5-5 所示。

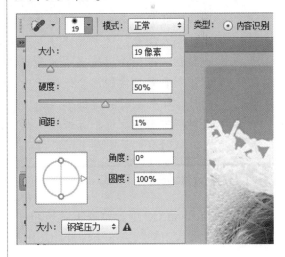

图 5-5

 step 3 将光标放在鼻子上的斑点处，单击，如图 5-6 所示。

step 4 使用相同的方法清除鼻子上其他斑点，如图 5-7 所示。

图 5-6

图 5-7

污点修复画笔工具选项栏如图 5-8 所示。

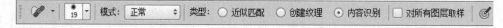

图 5-8

- 【模式】下拉列表框：用来设置修复图像时使用的混合模式。
- 【类型】选项：用来设置修复的方法。选中【近似匹配】单选按钮，可以使用选区边缘处的像素来查找要用作选定区域修补的图像区域，如果该选项的修复效果不能令人满意，可还原修复并选中【创建纹理】单选按钮；单击【创建纹理】单选按钮，可以使用选区中的所有像素创建一个用于修复该区域的纹理；选中【内容识别】单选按钮，会比较附近的图像内容，不留痕迹地填充选区，同时保留让图像栩栩如生的关键细节，如阴影和对象边缘。
- 【对所有图层取样】复选框：如果当前文档中包含多个图层，勾选该复选框后，可以从所有可见图层中对数据进行取样；取消勾选，则只从当前图层中取样。

5.1.3 运用修补工具

在 Photoshop CC 中，修补工具是通过将取样像素的纹理等因素与修补图像的像素进行匹配，清除图像中的杂点。下面介绍运用修补工具的方法。

step 1 打开名为 3 的图像，如图 5-9 所示。

step 2 单击【修补工具】按钮，在工具选项栏中将【修补】设置为【目标】，在画面中单击并拖动鼠标创建选区，如图 5-10 所示。

图 5-9

图 5-10

 将光标移至选区内，单击并向左
侧拖动鼠标复制图像，如图 5-11
所示。

 按 Ctrl+D 组合键取消选区。通过
以上步骤即可完成使用修补工具
的操作，如图 5-12 所示。

图 5-11

图 5-12

修补工具选项栏如图 5-13 所示。

![图 5-13 修补工具选项栏]

图 5-13

- **【新选区】按钮**：可以创建一个新的选区，如果图像中包含选区，则新选区会替
换原有选区。
- **【添加到选区】按钮**：可以在当前选区的基础上添加新的选区。
- **【从选区减去】按钮**：可以在原选区中减去当前绘制的选区。
- **【与选区交叉】按钮**：可得到原选区与当前创建选区相交的部分。
- **【修补】选项组**：用来设置修补方式。选中【源】单选按钮，将选区拖至要修补
  的区域后，会用当前光标下方的图像修补选中的图像；选中【目标】单选按钮，
  则会将选中的图像复制到目标区域。
- **【透明】复选框**：勾选该复选框，可以使修补的图像与原图产生透明的叠加效果。
- **【使用图案】按钮**：在图案下拉面板中选择一个图案，单击该按钮，可以使用图
  案修补选区内的图像。

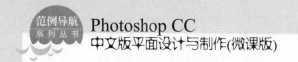

5.1.4 运用红眼工具

在 Photoshop CC 中，用户使用红眼工具可以修复由闪光灯照射到人眼时，瞳孔放大而产生的视网膜泛红现象。下面介绍红眼工具的使用方法。

step 1　　打开名为 4 的图像，单击【红眼工具】按钮 ，将光标放在红眼区域上，单击校正红眼，如图 5-14 所示。

step 2　　使用相同方法修复另一只眼睛，如图 5-15 所示。

图 5-14

图 5-15

红眼工具选项栏如图 5-16 所示。

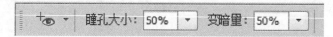

图 5-16

- 【瞳孔大小】文本框：可设置瞳孔(眼睛暗色的中心)的大小。
- 【变暗量】文本框：用来设置瞳孔的暗度。

Section 5.2　擦除图像

手机扫描下方二维码，观看本节视频课程

擦除工具用来擦除图像。在 Photoshop CC 中，包含 3 种擦除工具，即橡皮擦工具、背景橡皮擦工具和魔术橡皮擦工具。后两种擦除工具主要用于抠图。橡皮擦会因设置的选项不同而具有不同的用途。

5.2.1 橡皮擦工具

使用橡皮擦工具在图像中拖动时，会更改图像中的像素，如果在背景图层中或在透明区域锁定的图层中工作，抹除的像素会更改为背景色；否则抹除的像素会变为透明。下面介绍运用橡皮擦工具的方法。

step 1　打开名为5和6的图像，使用移动工具将5拖入6图像中，并调整图像的大小和位置，如图5-17所示。

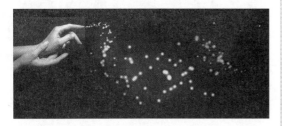

图 5-17

step 2　单击【橡皮擦工具】按钮，在工具选项栏中设置画笔硬度为0，在图像上按住鼠标左键进行涂抹，将手部图像的背景全部涂抹掉，如图5-18所示。

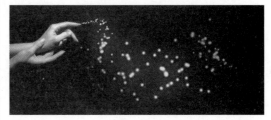

图 5-18

5.2.2　背景橡皮擦工具

在 Photoshop CC 中，背景橡皮擦工具可以自动识别图像的边缘，将背景擦为透明区域。下面介绍使用背景橡皮擦工具的方法。

step 1　打开名为7的图像素材，单击【背景橡皮擦工具】按钮，在工具选项栏中单击【取样：连续】按钮，设置【容差】为30%，将光标放在图像的背景部分，单击并拖动鼠标，擦除背景，如图5-19所示。

图 5-19

step 3　按住 Ctrl 键单击【图层】面板底部的【创建新图层】按钮，在当前图层下方新建一个图层，如图5-21所示。

step 2　将全部背景擦除，只留下狗狗部分，如图5-20所示。

图 5-20

step 4　单击【设置前景色】按钮，弹出【拾色器】对话框，设置 R、G、B 数值为0、172、0，单击【确定】按钮，按 Alt+Delete 组合键为新建的图层填充前景色。通过以上步骤即可完成使用背景橡皮擦工具抠取动物毛发的操作，如图5-22所示。

图 5-21

图 5-22

背景橡皮擦工具选项栏如图 5-23 所示。

图 5-23

- 【取样：连续】按钮：单击该按钮，在拖动鼠标时可连续对颜色取样，凡是出现在光标中心十字线内的图像都会被擦除。
- 【取样：一次】按钮：单击该按钮，只擦除包含第一次单击点颜色的图像。
- 【取样：背景色板】按钮：只擦除包含背景色的图像。
- 【限制】下拉列表框：定义擦除时的限制模式。选择【不连续】选项，可擦除出现在光标下任何位置的样本颜色；选择【连续】选项，只擦除包含样本颜色并且互相连接的区域；选择【查找边缘】选项，可擦除包含样本颜色的连接区域，同时可更好地保留形状边缘的锐化程度。
- 【容差】文本框：用来设置颜色的容差范围。低容差仅限于擦除与样本颜色非常相似的区域，高容差可擦除范围更广的颜色。
- 【保护前景色】复选框：勾选该复选框，可防止擦除与前景色匹配的区域。

5.2.3　魔术橡皮擦工具

在 Photoshop CC 中，使用魔术橡皮擦工具在图层中单击时，会将所有相似的像素更改为透明。下面介绍魔术橡皮擦工具的使用方法。

step 1　打开名为 8 的图像，按 Ctrl+J 组合键复制背景图层，得到"图层 1"，单击背景图层的眼睛图标，隐藏背景图层，如图 5-24 所示。

step 2　单击【魔术橡皮擦工具】按钮，设置【容差】为 32，在背景上单击鼠标，擦除背景，可以看到人物的额头、脸颊和下巴也被删除了部分图像，如图 5-25 所示。

图 5-24

step 3 单击背景图层的眼睛图标，显示背景图层并选中，使用套索工具选中缺失的图像，如图 5-26 所示。

图 5-26

step 5 按住 Ctrl 键将"图层 1"和"图层 2"选中，打开名为 9 的图像，将两个图层拖入 9 图像中。通过以上步骤即可完成使用魔术橡皮擦工具的操作，如图 5-28 所示。

魔术橡皮擦工具选项栏如图 5-29 所示。

图 5-25

step 4 按 Ctrl+J 组合键将选中的图像复制到一个新图层中，如图 5-27 所示。

图 5-27

图 5-28

图 5-29

第 5 章 修复与修饰图像

- 【容差】文本框：用来设置可擦除的颜色范围。低容差会擦除颜色值范围内与单击像素非常相似的像素，高容差可擦除范围更广的像素。

- 【消除锯齿】复选框：可以使擦除区域的边缘变得平滑。

- 【连续】复选框：只擦除与单击点像素邻近的像素；取消勾选该复选框，可擦除图像中所有相似的像素。

- 【不透明度】文本框：用来设置擦除强度，100%的不透明度将完全擦除像素，较低的不透明度可擦除部分像素。

> 如果不将背景图层转换为普通图层，那么使用背景橡皮擦工具擦除后，该图层也会自动转换为普通图层。

Section 5.3　复制图像

手机扫描下方二维码，观看本节视频课程

在 Photoshop CC 中，运用图案图章工具和仿制图章工具，用户可以对图像的局部区域进行编辑或复制，这样可以使用复制的图像修复图像破损或不整洁的区域。本节将重点介绍复制图像方面的知识。

5.3.1　图案图章工具

图案图章工具可以利用 Photoshop 提供的图案或用户自定义的图案进行绘画。下面详细介绍使用图案图章工具的操作方法。

step 1　打开名为 10 的图像，按 Ctrl+J 组合键复制背景图层，得到"图层 1"，如图 5-30 所示。

step 2　打开【路径】面板，按住 Ctrl 键单击"路径 1"缩览图，载入汽车车身选区，如图 5-31 所示。

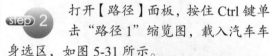

图 5-31

图 5-30

step 3 单击【图案图章工具】按钮 ，在工具选项栏中设置【模式】为【线性加深】，打开图案下拉面板，在面板菜单中选择【图案】选项，加载该图案库，如图 5-32 所示，选择【木质】图案。

图 5-32

step 5 将工具的不透明度调整为 50%，选择【生锈金属】图案，在汽车前部绘制该图案，如图 5-34 所示。

图 5-34

step 4 在选区内单击并拖动鼠标涂抹，绘制图案，如图 5-33 所示。

图 5-33

step 6 按 Ctrl+D 组合键取消选区。通过以上步骤即可完成使用图案图章工具的操作，如图 5-35 所示。

图 5-35

图案图章工具选项栏如图 5-36 所示。

图 5-36

- 【对齐】复选框：勾选该复选框后，可以保持图案与原始起点的连续性，即使多次单击鼠标也不例外；取消勾选该复选框，则每次单击鼠标都重新应用图案。
- 【印象派效果】复选框：勾选该复选框，可以模拟出印象派效果的图案。

5.3.2 仿制图章工具

用户使用仿制图章工具可以复制图形中的信息，同时将其应用到其他位置，这样可以修复图像中的污点、褶皱和光斑等。下面介绍运用仿制图章工具的方法。

step 1　打开名为 11 的图像，照片中女孩右侧有多余的人物，使得画面不够完美，如图 5-37 所示。

图 5-37

step 3　单击【仿制图章工具】按钮，在工具选项栏中选择一个柔角笔尖，将光标放在画面左侧的树叶上，按住 Alt 键单击进行取样，如图 5-39 所示。

图 5-39

step 5　将人物全部遮盖住。通过以上步骤即可完成使用仿制图章工具的操作，如图 5-41 所示。

step 2　按 Ctrl+J 组合键复制背景图层，得到"图层 1"，如图 5-38 所示。

图 5-38

step 4　释放 Alt 键在人物身上涂抹，用树叶将其遮盖，如图 5-40 所示。

图 5-40

图 5-41

仿制图章工具选项栏如图 5-42 所示。

图 5-42

- 【对齐】复选框：勾选该复选框后，可以连续对像素进行取样；取消勾选该复选框，则每单击一次鼠标，都使用初始取样点中的样本像素。因此，每次单击都被认为是另一次复制。
- 【样本】下拉列表框：用来选择从指定的图层中进行数据取样。如果要从当前图层及其下方的可见图层中取样，应选择【当前和下方图层】选项；如果仅从当前图层中取样，可以选择【当前图层】选项；如果要从所有可见图层中取样，可以选择【所有图层】选项；如果要从调整图层以外的所有可见图层中取样，可以选择【所有图层】选项，然后再单击右侧的【打开以在修复时忽略调整图层】按钮 。
- 【切换仿制源面板】按钮 ：单击该按钮可以打开【仿制源】面板。
- 【切换画笔面板】按钮 ：单击该按钮可以打开【画笔】面板。

在使用仿制图章工具时，按住 Alt 键在图像中单击，定义要复制的内容，这一过程称为"取样"，然后将光标放在其他位置，放开 Alt 键拖动鼠标涂抹，即可将复制的图像应用到当前位置。与此同时，画面中会出现一个圆形光标和一个十字形光标，圆形光标是正在涂抹的区域，而该区域的内容则是从十字形光标所在位置的图像上复制的。在操作时，两个光标始终保持相同的距离，只要观察十字形光标位置的图像，便知道将要涂抹出哪些图像了。

Section 5.4　修饰图像

手机扫描下方二维码，观看本节视频课程

模糊、锐化、涂抹、减淡、加深和海绵等工具可以对照片进行润饰，以改善图像的细节、色调、曝光以及色彩的饱和度。这些工具适合小范围、局部图像的修饰。本节将详细介绍修饰图像的操作方法。

5.4.1　涂抹工具

在 Photoshop CC 中，用户使用涂抹工具可以模拟手指拖过湿油漆时所看到的效果。下面介绍运用涂抹工具的方法。

step 1　打开名为 12 的图像，单击【涂抹工具】按钮 ，在工具选项栏中设置【强度】为 50%，在图像上单击并向右上方移动鼠标，如图 5-43 所示。

step 2　可以看到人物的下嘴唇已经被涂抹，如图 5-44 所示。

图 5-43

图 5-44

step 3 在上嘴唇处单击并拖动鼠标向右下方移动,如图 5-45 所示。

step 4 通过以上步骤即可完成使用涂抹工具的操作,如图 5-46 所示。

图 5-45

图 5-46

涂抹工具选项栏如图 5-47 所示。

图 5-47

【手指绘画】复选框:勾选该复选框,可以在鼠标单击点添加前景色并展开涂抹;取消对该复选框的勾选,则从鼠标单击点处图像的颜色展开涂抹。

5.4.2　模糊工具

在 Photoshop CC 中，用户使用模糊工具可以减少图像中的细节显示，使图像产生柔化模糊的效果。下面介绍运用模糊工具的方法。

step 1 打开名为 13 的图像，单击【模糊工具】按钮 ，在工具选项栏中设置【强度】为 50%，设置画笔大小，在图像上方进行涂抹，如图 5-48 所示。

step 2 涂抹完成，将背景变虚，创建景深效果，如图 5-49 所示。

图 5-48

图 5-49

使用模糊工具时，如果反复涂抹图像上的同一区域，会使该区域变得更加模糊，模糊工具选项栏如图 5-50 所示。

图 5-50

- 【画笔】选项：可以选择画笔样式，模糊区域的大小取决于画笔大小。
- 【模式】下拉列表框：用来设置涂抹效果的混合模式。
- 【强度】文本框：用来设置工具的修改强度。
- 【对所有图层取样】复选框：如果文档中包含多个图层，勾选该复选框，表示使用所有可见图层中的数据进行处理；取消勾选该复选框，则只处理当前图层中的数据。

5.4.3　锐化工具

在 Photoshop CC 中，用户使用锐化工具可以增加图像的清晰度或聚焦程度，但不会过度锐化图像。下面介绍运用锐化工具的方法。

step 1　打开名为 14 的图像，单击【锐化工具】按钮 △，在工具选项栏中设置【强度】为 50%，设置画笔大小，在图像中的花瓣位置进行涂抹，如图 5-51 所示。

step 2　此时花瓣变得更加清晰。通过以上步骤即可完成使用锐化工具的操作，如图 5-52 所示。

图 5-52

图 5-51

知识精讲　　使用锐化工具反复涂抹同一区域，会造成图像失真。锐化工具选项栏与模糊工具基本一致，这里不再赘述。模糊工具和锐化工具适合处理小范围内的图像细节，如果要对整幅图像进行处理，建议使用【模糊】与【锐化】滤镜。

5.4.4　海绵工具

在 Photoshop CC 中，海绵工具可以对图像的区域加色或去色，用户可以使用海绵工具使对象或区域上的颜色更鲜明或更柔和。下面介绍运用海绵工具的方法。

step 1　打开名为 15 的图像，单击【海绵工具】按钮 ，在工具选项栏中设置【流量】为 50%，设置画笔大小，在图像中进行涂抹，如图 5-53 所示。

step 2　被涂抹的寿星泥塑饱和度变高。通过以上步骤即可完成使用海绵工具的操作，如图 5-54 所示。

图 5-54

图 5-53

海绵工具选项栏如图 5-55 所示。

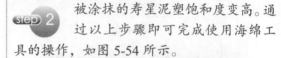

图 5-55

- 【模式】下拉列表框：如果要增加色彩的饱和度，可以选择【加色】选项；如果要降低饱和度，则选择【去色】选项。
- 【流量】文本框：该值越高，修改强度越大。
- 【自然饱和度】复选框：勾选该复选框，在进行增加饱和度的操作时，可以避免

5.4.5　减淡工具

在 Photoshop CC 中，减淡工具用于调节照片特定区域的曝光度，用户使用减淡工具可使图像区域变亮。下面介绍运用减淡工具的方法。

step 1 打开名为 16 的图像，单击【减淡工具】按钮，在工具选项栏中设置【范围】为【阴影】，在图像中进行涂抹，如图 5-56 所示。

step 2 被涂抹的区域变亮。通过以上步骤即可完成使用减淡工具的操作，如图 5-57 所示。

图 5-56

图 5-57

5.4.6　加深工具

在 Photoshop CC 中，加深工具用于调节照片特定区域的曝光度，用户使用加深工具可使图像区域变暗。下面介绍运用加深工具的方法。

step 1 打开名为 17 的图像，单击【加深工具】按钮，在工具选项栏中设置【范围】为【高光】，在图像中进行涂抹，如图 5-58 所示。

step 2 被涂抹的部分变暗。通过以上步骤即可完成使用加深工具的操作，如图 5-59 所示。

图 5-58

图 5-59

Section 5.5 范例应用与上机操作

手机扫描下方二维码，观看本节视频课程

在本节的学习过程中，将侧重介绍和讲解与本章知识点有关的范例应用及技巧，主要包括使用内容感知移动工具修复图像、修饰脸形以及在透视状态下复制图像等内容。用户可以根据需要使用这两种方式创建选区，以方便使用。

5.5.1 使用内容感知移动工具修复图像

内容感知移动工具是更加强大的修复工具，它可以选择和移动局部图像。下面详细介绍使用内容感知移动工具的方法。

素材文件 第 5 章\素材文件\18.jpg
效果文件 第 5 章\效果文件\18.jpg

Step 1 打开名为 18 的图像，按 Ctrl+J 组合键复制背景图层，得到"图层 1"，如图 5-60 所示。

图 5-60

Step 3 将光标放在选区内，单击并向左侧拖动鼠标，如图 5-62 所示。

图 5-62

Step 2 单击【内容感知移动工具】按钮 ，在工具选项栏中设置【模式】为【移动】，在图像中创建选区，将小鸭子和投影选中，如图 5-61 所示。

图 5-61

Step 4 放开鼠标后，Photoshop 便会将小鸭子移动到新位置，并填充空缺的部分，如图 5-63 所示。

图 5-63

step 5 按 Ctrl+D 组合键取消选区,使用修补工具或仿制图章工具将水面和水边石阶处理一下,让效果看起来更逼真,如图 5-64 所示。

图 5-64

5.5.2 修饰脸形

在人像摄影图片的后期制作中,修饰脸形是处理图片的基本操作,Photoshop 工具箱中自带的修饰工具有时不能很好地满足工作需要,此时可以借助【液化】滤镜来达到修饰脸形的目的。

素材文件 第 5 章\素材文件\19.jpg
效果文件 第 5 章\效果文件\19.jpg

step 1 打开名为 19 的图像,如图 5-65 所示。

step 2 执行【滤镜】→【液化】菜单命令,在弹出的对话框中单击【向前变形工具】按钮,设置画笔参数,将光标移至左侧脸部的边缘位置,单击并向里拖曳鼠标,使轮廓向内收缩,改变脸部弧线,如图 5-66 所示。

图 5-65

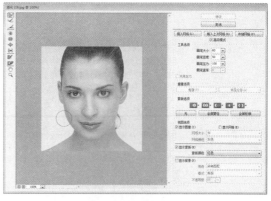

图 5-66

step 3 使用相同方法处理右侧脸颊,如图 5-67 所示。

step 4 处理一下右侧嘴角,向上提一下,如图 5-68 所示。

图 5-67

图 5-68

图 5-69

step 5 脖子也需要向内收敛些。通过以上步骤即可完成使用【液化】滤镜修饰脸形的操作，如图 5-69 所示。

5.5.3 在透视状态下复制图像

【消失点】滤镜可以在包含透视平面(如建筑物侧面或任何矩形对象)的图像中进行透视校正。在应用诸如绘画、仿制、复制或粘贴以及变换等编辑操作时，Photoshop 可以正确确定这些编辑操作的方向，并将它们缩放到透视平面，使结果更加逼真。

素材文件❄ 第5章\素材文件\20.jpg
效果文件❄ 第5章\效果文件\20.jpg

step 1 打开名为 20 的图像，执行【滤镜】→【消失点】菜单命令，打开【消失点】对话框，如图 5-70 所示。

step 2 单击【创建平面工具】按钮，在图像中单击，添加节点，定义透视平面，如图 5-71 所示。

图 5-70

图 5-71

3 单击【选框工具】按钮，选择一个窗子，如图 5-72 所示。

 4 将光标放在选区内部，按住 Alt 键拖动鼠标复制图像，如图 5-73 所示。

图 5-73

图 5-72

 5 单击【确定】按钮关闭【消失点】对话框，可以看到建筑上增加了一扇窗子。通过以上步骤即可完成在透视状态下复制图像的操作，最终效果如图 5-74 所示。

图 5-74

Section
5.6　**本章小结与课后练习**

本节内容无视频课程

　　本章主要介绍了修复图像、擦除图像、复制图像、修饰图像等内容。学习本章内容后，用户可以掌握使用 Photoshop 自带的修复修饰工具修复图像的应用，为进一步使用软件制作图像奠定了基础。

5.6.1　思考与练习

1. 填空题

（1）在修复画笔工具选项栏中选中_____单选按钮，可以直接从图像上取样；选中_____单选按钮，则可在图案下拉面板中选择一个图案作为使用图案图章绘制图案。

（2）使用橡皮擦工具在图像中拖动时，会更改图像中的像素，如果在背景图层或在透明区域锁定的图层中工作，抹除的像素会更改为_____；否则抹除的像素会变为_____。

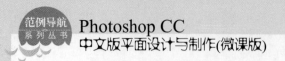
2．判断题

（1）污点修复画笔工具选项栏中的【模式】下拉列表框用来设置修复图像时使用的混合模式。 （　　）

（2）勾选背景橡皮擦工具选项栏中的【保护前景色】复选框，可防止擦除与前景色匹配的区域。 （　　）

3．思考题

（1）如何使用图案图章工具？

（2）如何使用涂抹工具？

5.6.2　上机操作

（1）通过本章的学习，读者基本可以掌握使用修复工具修复图像的方法，下面通过练习运用红眼工具去除红眼，以达到巩固与提高的目的。

（2）通过本章的学习，读者基本可以掌握使用擦除工具擦除图像的方法，下面通过练习使用魔术橡皮擦工具抠图，以达到巩固与提高的目的。

第**6**章

调整图像色调与色彩

本章主要介绍调节图像色彩效果、自动校正颜色、校正图像色彩方面的知识与技巧，同时讲解如何手动自定义调整色调。通过本章的学习，读者可以掌握调整图像色调与色彩方面的知识，为深入学习 Photoshop CC 知识奠定基础。

本 章 要 点

1. 调节图像色彩效果
2. 自动校正颜色
3. 校正图像色彩
4. 手动自定义调整色调

调节图像色彩效果

手机扫描下方二维码，观看本节视频课程

色彩是事物外在的一个重要特征，不同的色彩可以传递不同的信息，带来不同的感受。成功的设计师应该具备很好的色彩驾驭能力，Photoshop 提供了强大的色彩设置功能。本节将结合左侧二维码讲解在 Photoshop 中调节图像色彩的操作。

6.1.1 色调分离

【色调分离】命令可以指定图像中每个通道的色调级数目或亮度值，然后将像素映射到最接近的匹配级别。

 打开名为 1 的图像，如图 6-1 所示。

① 单击【图像】菜单，② 选择【调整】命令，③ 选择【色调分离】子命令，如图 6-2 所示。

图 6-1

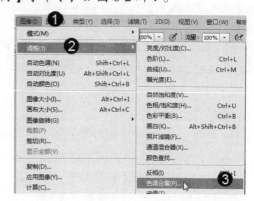

图 6-2

弹出【色调分离】对话框，① 在【色阶】文本框中输入数值，② 单击【确定】按钮，如图 6-3 所示。

通过以上步骤即可完成使用【色调分离】命令调整图像的操作，如图 6-4 所示。

图 6-3

图 6-4

6.1.2 反相

在 Photoshop CC 中，用户使用【反相】命令可以将照片制作出底片效果，或将底片图像转换成冲印效果。下面介绍运用【反相】命令的方法。

 打开名为 2 的图像，如图 6-5 所示。

图 6-5

 通过以上步骤即可完成使用【反相】命令调整图像的操作，如图 6-7 所示。

图 6-7

 ① 单击【图像】菜单，② 选择【调整】命令，③ 选择【反相】子命令，如图 6-6 所示。

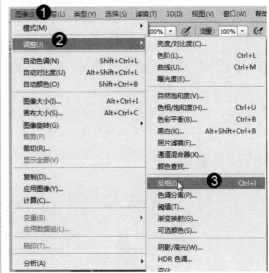

图 6-6

智慧锦囊

再次执行【反相】命令，可以将图像重新恢复为正常效果。将图像反相后，执行【图像】→【调整】→【去色】菜单命令，可以得到黑白负片效果。

6.1.3 阈值

在 Photoshop CC 中，用户使用【阈值】命令可以对图像进行黑白图像效果的制作。下面介绍运用【阈值】命令的方法。

 打开名为 3 的图像，如图 6-8 所示。

 ① 单击【图像】菜单，② 选择【调整】命令，③ 选择【阈值】子命令，如图 6-9 所示。

第 6 章　调整图像色调与色彩

图 6-8

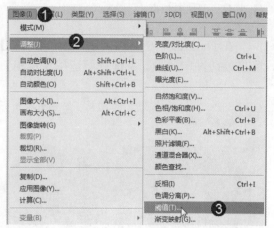

图 6-9

 step 3　弹出【阈值】对话框，① 在【阈值色阶】文本框中输入数值，② 单击【确定】按钮，如图 6-10 所示。

step 4　通过以上步骤即可完成使用【阈值】命令调整图像的操作，如图 6-11 所示。

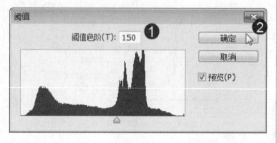

图 6-10

图 6-11

使用【阈值】命令可以将灰度或彩色图像转换为高对比度的黑白图像，可以指定某个色阶作为阈值。所有比阈值亮的像素转换为白色，所有比阈值暗的像素则转换为黑色。【阈值】命令对确定图像的最亮区域和最暗区域有很大作用。

6.1.4　去色

在 Photoshop CC 中，用户使用【去色】命令可以快速将图像去除颜色，只保留黑白效果。下面介绍使用【去色】命令的方法。

 step 1　打开名为 4 的图像，如图 6-12 所示。

 step 2　① 单击【图像】菜单，② 选择【调整】命令，③ 选择【去色】子命令，如图 6-13 所示。

图 6-12

 step 3 通过以上步骤即可完成使用【去色】命令调整图像的操作，如图 6-14 所示。

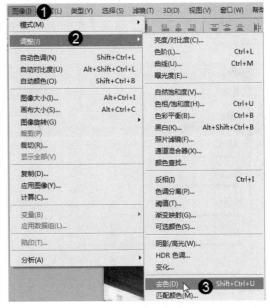

图 6-13

图 6-14

6.1.5 黑白

在 Photoshop CC 中，用户使用【黑白】命令可将图像颜色设置成黑白效果，并根据绘图需要调整图像黑白显示的效果。下面介绍使用【黑白】命令的方法。

step 1 打开名为 5 的图像，如图 6-15 所示。

图 6-15

step 2 ① 单击【图像】菜单，② 选择【调整】命令，③ 选择【黑白】子命令，如图 6-16 所示。

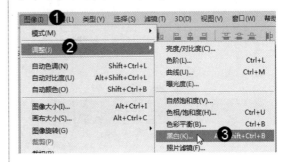

图 6-16

3 弹出【黑白】对话框，保持默认设置，单击【确定】按钮，如图 6-17 所示。

 4 通过以上步骤即可完成使用【黑白】命令调整图像的操作，如图 6-18 所示。

图 6-18

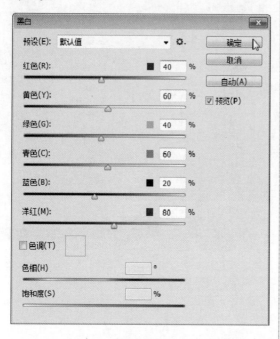

图 6-17

6.1.6　渐变映射

在 Photoshop CC 中，用户使用【渐变映射】命令可以将图像填充成不同的渐变色调。下面介绍运用【渐变映射】命令的方法。

 1 打开名为 6 的图像，使用快速选择工具选中小猪和鞋子，如图 6-19 所示。

 2 打开名为 7 的图像，使用移动工具将选区内的图像拖入 7 图像中，如图 6-20 所示。

图 6-19

图 6-20

step 3　选择"云彩 1"图层，执行【图层】→【新建调整图层】→【色相/饱和度】命令，创建"色相/饱和度 1"调整图层，设置参数，如图 6-21 所示。

图 6-21

step 5　按住 Alt 键，将调整图层拖曳到"云彩 2"图层的上方，创建剪贴蒙版，使该图层只影响"云彩 2"图层，如图 6-23 所示。

图 6-23

step 4　按 Alt+Ctrl+G 组合键创建剪贴蒙版，如图 6-22 所示。

图 6-22

step 6　效果如图 6-24 所示。

图 6-24

step 7 选择"云彩 3"图层,执行【图层】→【新建调整图层】→【渐变映射】命令,创建"渐变影射 1"调整图层,选择渐变预设样式,如图 6-25 所示。

step 8 将该调整图层的【混合模式】设置为【叠加】,【不透明度】设置为 60%,如图 6-26 所示。

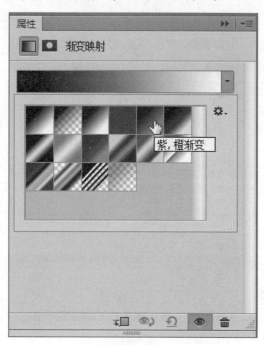

图 6-25

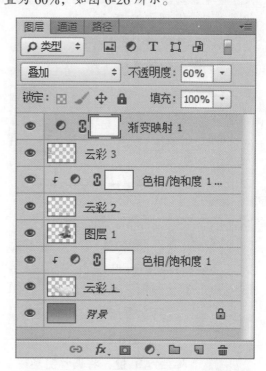

图 6-26

step 9 通过以上步骤即可完成使用【渐变映射】命令调整图像的操作,如图 6-27 所示。

智慧锦囊

【渐变映射】命令会改变图像色调的对比度。要避免出现这种情况,可以使用"渐变映射"调整图层,然后将调整图层的【混合模式】设置为【颜色】,使它只改变图像的颜色,不会影响亮度。

图 6-27

6.1.7 照片滤镜

在 Photoshop CC 中,用户使用【照片滤镜】对话框可以快速设置图像滤镜颜色,迅速改变图像的色温。下面介绍使用【照片滤镜】对话框的操作方法。

step 1 　打开名为 8 的图像，如图 6-28 所示。

图 6-28

step 3 　弹出【照片滤镜】对话框，① 设置参数，② 单击【确定】按钮，如图 6-30 所示。

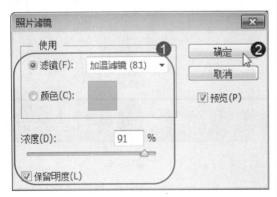

图 6-30

step 5 　通过以上步骤即可完成使用【照片滤镜】对话框调整图像的操作，如图 6-32 所示。

step 2 　执行【滤镜】→【艺术效果】→【木刻】菜单命令，打开【滤镜】对话框，① 设置参数，② 单击【确定】按钮，如图 6-29 所示。

图 6-29

step 4 　单击文字图层前的眼睛图标，显示文字图层，如图 6-31 所示。

图 6-31

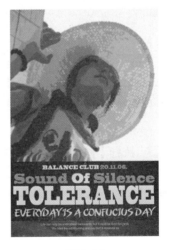

图 6-32

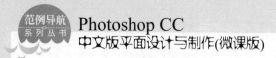
6.1.8 色相/饱和度

在 Photoshop CC 中，用户运用【色相/饱和度】命令可以对图像的整体色相与饱和度进行调整，这样可以使图像的颜色更加浓烈饱满。下面介绍运用【色相/饱和度】命令的方法。

step 1 打开名为 9 和 10 的图像，使用移动工具将 10 图像拖入 9 图像中，如图 6-33 所示。

图 6-33

step 3 执行【选择】→【变换选区】命令，显示定界框，拖曳控制点调整选区大小，如图 6-35 所示。

图 6-35

step 5 执行【图层】→【新建调整图层】→【色相/饱和度】命令，创建"色相/饱和度"调整图层，设置参数，如图 6-37 所示。

step 2 按住 Ctrl 键单击"卡片"图层缩览图，载入选区，如图 6-34 所示。

图 6-34

step 4 按 Enter 键完成变换，将背景图层拖曳到【创建新图层】按钮 上，得到"背景 拷贝"图层，单击【添加图层蒙版】按钮 ▣ ，并将"背景 拷贝"图层移至"卡片"图层的上方，效果如图 6-36 所示。

图 6-36

step 6 按 Alt+Ctrl+G 组合键创建剪贴蒙版，使调整图层只影响它下面的一个图层，而不会影响其他图层，如图 6-38 所示。

图 6-37

图 6-38

效果如图 6-39 所示。

step 7

图 6-39

Section 6.2 自动校正颜色

手机扫描下方二维码，观看本节视频课程

【自动色调】、【自动颜色】及【自动对比度】命令可以自动对图像的颜色和色调进行简单的调整，适合对各种调色工具不太熟悉的初学者使用。本节将详细介绍使用这些命令自动校正图像颜色的方法。

6.2.1 自动色调

在 Photoshop CC 中，用户使用【自动色调】命令可以增强图像的对比度和明暗程度。下面介绍运用【自动色调】命令的方法。

打开名为 11 的图像，如图 6-40
所示。

执行【图像】→【自动色调】菜单
命令，图像色调已经发生改变，如
图 6-41 所示。

图 6-40

图 6-41

6.2.2 自动颜色

在 Photoshop CC 中，用户运用【自动颜色】命令可以通过对图像中的中间调、阴影和高光进行标识，自动校正图像偏色问题。下面介绍运用【自动颜色】命令的方法。

打开名为 12 的图像，如图 6-42
所示。

执行【图像】→【自动颜色】菜单
命令，图像色调已经发生改变，如
图 6-43 所示。

图 6-42

图 6-43

6.2.3 自动对比度

在 Photoshop CC 中，用户使用【自动对比度】命令可以自动调整图像的对比度。下面介绍运用【自动对比度】命令的方法。

 打开名为 13 的图像，如图 6-44 所示。

图 6-44

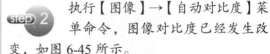 执行【图像】→【自动对比度】菜单命令，图像对比度已经发生改变，如图 6-45 所示。

图 6-45

 【自动对比度】命令可以自动调整图像的对比度，使高光看上去更亮，阴影看上去更暗。【自动对比度】命令不会单独调整通道，它只调整色调，而不会改变色彩平衡，因此，也就不会产生色偏，但也不能用于消除色偏。该命令可以改进彩色图像的外观，但无法改善单色图像。

Section 6.3　校正图像色彩

手机扫描下方二维码，观看本节视频课程

在 Photoshop CC 中，除了使用 6.2 节的自动校正颜色命令调整图像色彩外，用户还可以手动校正图像色彩与色调，这样可以根据用户的编辑需求进行色彩调整。本节将重点介绍图像色彩校正方面的知识。

6.3.1 阴影/高光

在 Photoshop CC 中，用户使用【阴影/高光】命令可以对图像中的阴影或高光区域相邻的像素进行校正处理。下面介绍使用【阴影/高光】命令的方法。

<img alt="第6章 调整图像色调与色彩" />

step 1 打开名为 14 的图像，如图 6-46 所示。

图 6-46

step 3 通过以上步骤即可完成使用【阴影/高光】命令调整图像的操作，如图 6-48 所示。

图 6-48

step 2 执行【图像】→【调整】→【阴影/高光】菜单命令，打开【阴影/高光】对话框，① 勾选【显示更多选项】复选框，② 设置参数，③ 单击【确定】按钮，如图 6-47 所示。

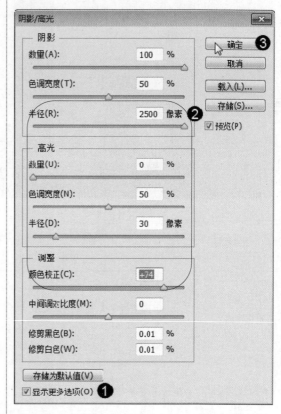

图 6-47

6.3.2 亮度/对比度

在 Photoshop CC 中，用户运用【亮度/对比度】命令可以对图像进行亮度和对比度的自定义调整。下面介绍运用【亮度/对比度】命令的方法。

step 1 打开名为 15 的图像，如图 6-49 所示。

step 2 执行【图像】→【调整】→【亮度/对比度】菜单命令，打开【亮度/对比度】对话框，① 设置参数，② 单击【确定】按钮，如图 6-50 所示。

图 6-49

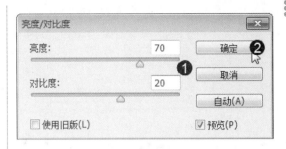

图 6-50

图 6-51

通过以上步骤即可完成使用【亮度/对比度】命令调整图像的操作，如图 6-51 所示。

6.3.3 变化

在 Photoshop CC 中，用户使用【变化】命令可以快速调整图像的不同着色效果。下面介绍运用【变化】命令的方法。

打开名为 16 的图像，如图 6-52 所示。

图 6-52

执行【图像】→【调整】→【变化】菜单命令，打开【变化】对话框，① 单击两次【加深洋红】选项，② 单击【确定】按钮，如图 6-53 所示。

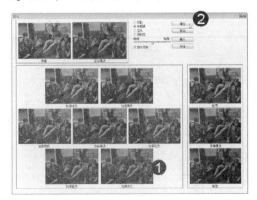

图 6-53

3　通过以上步骤即可完成使用【变化】命令调整图像的操作,如图 6-54所示。

图 6-54

6.3.4　曲线

在 Photoshop CC 中,用户使用【曲线】命令可以调整图像整体的明暗程度。下面介绍运用【曲线】命令的方法。

 1　打开名为 17 的图像,如图 6-55所示。

图 6-55

 3　通过以上步骤即可完成使用【曲线】命令调整图像的操作,如图 6-57所示。

图 6-57

 2　执行【图像】→【调整】→【曲线】菜单命令,打开【曲线】对话框,① 设置【预设】为【反冲】,② 单击【确定】按钮,如图 6-56 所示。

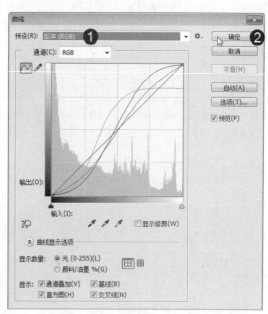

图 6-56

6.3.5 色阶

在 Photoshop CC 中，【色阶】命令用来调整图像亮度，校正图像的色彩平衡。下面介绍运用【色阶】命令的方法。

 打开名为 18 的图像，如图 6-58 所示。

图 6-58

step 3 通过以上步骤即可完成使用【色阶】命令调整图像的操作，如图 6-60 所示。

图 6-60

6.3.6 曝光度

在 Photoshop CC 中，用户使用【曝光度】命令可以快速调整图像的曝光度。下面介绍使用【曝光度】命令的方法。

step 2 执行【图像】→【调整】→【色阶】菜单命令，打开【色阶】对话框，① 设置参数，② 单击【确定】按钮，如图 6-59 所示。

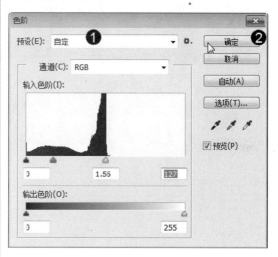

图 6-59

智慧锦囊

【色阶】命令是一个非常强大的调整工具，它不仅可以针对图像进行明暗对比的调整，还可以对图像的阴影、中间调和高光强度级别进行调整，以及分别对各个通道进行调整，以调整图像明暗对比或者色彩倾向。

第 6 章 调整图像色调与色彩

1 打开名为 19 的图像，如图 6-61 所示。

 2 执行【图像】→【调整】→【曝光度】菜单命令，打开【曝光度】对话框，① 设置【预设】为【加 2.0】，② 单击【确定】按钮，如图 6-62 所示。

图 6-61

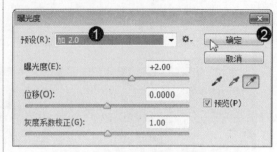

图 6-62

 3 通过以上步骤即可完成使用【曝光度】命令调整图像的操作，如图 6-63 所示。

图 6-63

 使用【曝光度】命令可以通过调整【曝光度】、【位移】及【灰度系数校正】3 个参数来调整照片的对比反差，修复数码照片中常见的曝光过度与曝光不足等问题。

Section 6.4 手动自定义调整色调

手机扫描下方二维码，观看本节视频课程

 当图像的色调出现偏差时，就需要运用手动自定义命令来调整色调，使图像的色调有一定的改善。手动自定义调整色调的命令包括【色彩平衡】、【自然饱和度】、【匹配颜色】、【替换颜色】及【通道混合器】等。本节将介绍手动自定义调整色调的知识。

6.4.1 色彩平衡

在 Photoshop CC 中，用户使用【色彩平衡】命令可以调整图像偏色方面的问题。下面介绍使用【色彩平衡】命令的方法。

step 1 打开名为 20 的图像，如图 6-64 所示。

图 6-64

step 3 ① 设置【颜色】为【蓝色】和【中性色】，② 设置参数，③ 单击【确定】按钮，如图 6-66 所示。

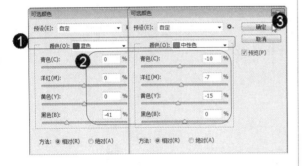

图 6-66

step 5 ① 选中【高光】单选按钮，② 设置参数，③ 单击【确定】按钮，如图 6-68 所示。

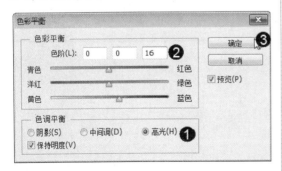

图 6-68

step 2 执行【图像】→【调整】→【可选颜色】菜单命令，打开【可选颜色】对话框，① 设置【颜色】为【红色】和【黄色】，② 设置参数，如图 6-65 所示。

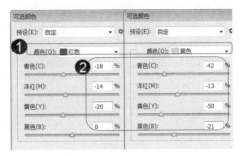

图 6-65

step 4 执行【图像】→【调整】→【色彩平衡】菜单命令，打开【色彩平衡】对话框，① 选中【中间调】单选按钮，② 设置参数，如图 6-67 所示。

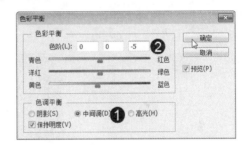

图 6-67

step 6 按 Ctrl+U 组合键，打开【色相/饱和度】对话框，① 设置参数，② 单击【确定】按钮，如图 6-69 所示。

图 6-69

step 7　打开名为 21 的图像，使用移动工具将 20 图像拖入 21 图像中，如图 6-70 所示。

图 6-70

step 8　单击【图层】面板中的【添加图层蒙版】按钮，使用画笔工具在照片边缘涂抹黑色，将图像边缘隐藏，如图 6-71 所示。

图 6-71

6.4.2　自然饱和度

在 Photoshop CC 中，用户运用【自然饱和度】命令可以对图像整体的饱和度进行调整。下面介绍运用【自然饱和度】命令的方法。

step 1　打开名为 22 的图像，如图 6-72 所示。

图 6-72

step 2　执行【图像】→【调整】→【自然饱和度】菜单命令，打开【自然饱和度】对话框，① 设置参数，② 单击【确定】按钮，如图 6-73 所示。

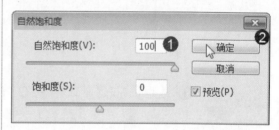

图 6-73

step 3　通过以上步骤即可完成使用【自然饱和度】命令调整图像的操作，如图 6-74 所示。

图 6-74

6.4.3 匹配颜色

在 Photoshop CC 中，用户使用【匹配颜色】命令可以将一幅图像中的颜色与另一幅图像中的颜色进行匹配。下面介绍运用【匹配颜色】命令的方法。

 step 1 打开名为 23 和 24 的图像，将 23 图像设置为当前操作文档，如图 6-75 所示。

图 6-75

step 3 通过以上步骤即可完成使用【匹配颜色】命令调整图像的操作，如图 6-77 所示。

图 6-77

step 2 执行【图像】→【调整】→【替换颜色】菜单命令，打开【匹配颜色】对话框，① 在【源】下拉列表框中选择 24 素材，② 设置参数，③ 单击【确定】按钮，如图 6-76 所示。

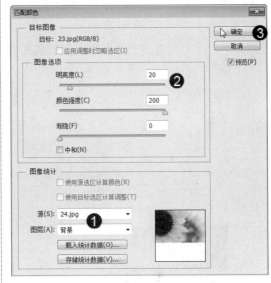

图 6-76

6.4.4 替换颜色

在 Photoshop CC 中，用户使用【替换颜色】命令可以将图像中的某一种颜色替换成其他颜色。下面介绍运用【替换颜色】命令的方法。

 step 1 打开名为 25 的图像，如图 6-78 所示。

step 2 执行【图像】→【调整】→【替换颜色】菜单命令，打开【替换颜色】对话框，使用【吸管工具】在图像上单击吸取颜色，如图 6-79 所示。

图 6-78

 可以看到【颜色】色块显示吸取的
颜色，如图 6-80 所示。

图 6-79

step 4 ① 设置【颜色容差】和【色相】
选项的参数，② 单击【确定】按
钮，如图 6-81 所示。

图 6-80

step 5 通过以上步骤即可完成使用【替
换颜色】命令调整图像的操作，
如图 6-82 所示。

图 6-81

图 6-82

6.4.5 通道混合器

通道混合器是控制颜色通道中颜色含量的高级工具，它可以让两个通道采用"相加"或"减去"模式混合。

 打开名为 26 的图像，如图 6-83 所示。

图 6-83

 执行【图像】→【调整】→【通道混合器】菜单命令，打开【通道混合器】对话框，① 设置参数，② 单击【确定】按钮，如图 6-84 所示。

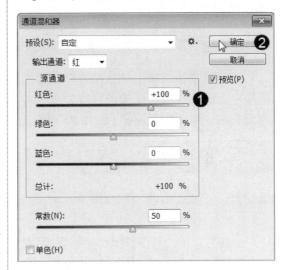

图 6-84

 可以看到执行了【通道混合器】命令的图像颜色已经被修改，如图 6-85 所示。

图 6-85

智慧锦囊

如果拖曳红色滑块，Photoshop 就会用该滑块所代表的红通道与所选的输出通道(蓝通道)混合。向后侧拖曳滑块，红通道会采用"相加"模式与蓝通道混合；向左侧拖曳滑块，则采用"减去"模式混合。这种混合方式的妙处在于，可以控制混合强度，当滑块越靠近两端时，混合强度就越高。

知识精讲

【通道混合器】对话框中的【常数】选项用来调整输出通道的灰度值。负值可以在通道中增加黑色；正值则在通道中增加白色。-200%会使输出通道成为全黑，+200%则会使输出通道成为全白。

第6章 调整图像色调与色彩

Section 6.5 范例应用与上机操作

手机扫描下方二维码，观看本节视频课程

　　在本节的学习过程中，将侧重介绍和讲解与本章知识点有关的范例应用及技巧，主要包括使用【颜色查找】命令制作婚纱写真、使用【可选颜色】命令制作后现代主义海报等内容。

6.5.1 使用【颜色查找】命令制作婚纱写真

　　很多数字图像输出设备都有自己特定的色彩空间，这会导致色彩在这些设备间传递时出现不匹配的现象，【颜色查找】命令可以让颜色在不同的设备之间精确地传递和再现。下面介绍使用【颜色查找】命令的方法。

素材文件 ❀ 第6章\素材文件\27.jpg、28.jpg、29.jpg
效果文件 ❀ 第6章\效果文件27.jpg

step 1 打开名为 27 的图像，如图 6-86 所示。

step 2 单击【裁剪工具】按钮 ，图像四周出现裁剪框，将光标放在裁剪框左侧，按住鼠标左键并向左拖动，扩大画布的尺寸，如图 6-87 所示。

图 6-86

图 6-87

step 3 打开名为 28 和 29 的图像，使用移动工具将这两幅图像拖入 27 图像中，如图 6-88 所示。

step 4 执行【图层】→【新建调整图层】→【颜色查找】菜单命令，创建"颜色查找"调整图层，如图 6-89 所示。

图 6-88

图 6-89

step 5 图像效果如图 6-90 所示。

图 6-90

step 7 得到的图像效果如图 6-92 所示。

图 6-92

step 6 执行【图层】→【新建调整图层】→【色阶】命令，创建"色阶"调整图层，如图 6-91 所示。

图 6-91

6.5.2 使用【可选颜色】命令制作后现代主义海报

【可选颜色】命令是通过调整印刷油墨的含量来控制颜色的。印刷色由青、洋红、黄、黑 4 种油墨混合而成，使用【可选颜色】命令可以有选择地修改主要颜色中的印刷色含量，但不会影响其他主要颜色。

> **素材文件** 第 6 章\素材文件 30.jpg、28.jpg、29.jpg
> **效果文件** 第 6 章\素材文件\27.jpg、28.jpg、29.jpg

step 1 打开名为 30 的图像，按 Ctrl+J 组合键复制背景图层，得到"图层 1"图层，设置其【混合模式】为【滤色】，【不透明度】为 45%，如图 6-93 所示。

step 2 执行【图层】→【新建调整图层】→【可选颜色】命令，创建"可选颜色"调整图层，将【颜色】设置为【白色】，设置参数，如图 6-94 所示。

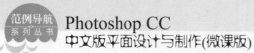

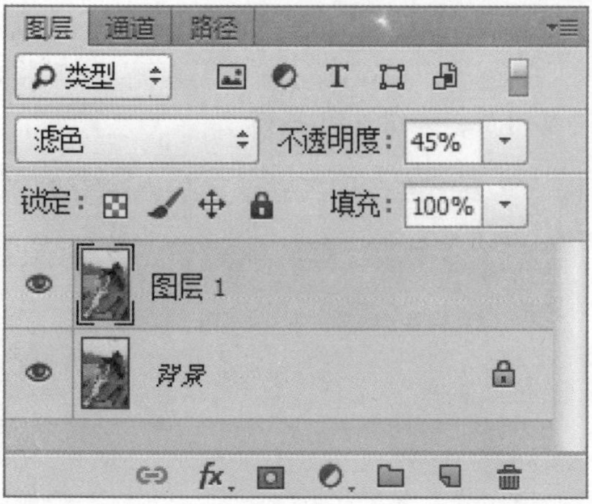

图 6-93

图 6-94

step 3 将【颜色】设置为【中性色】，继续设置其他参数，如图 6-95 所示。

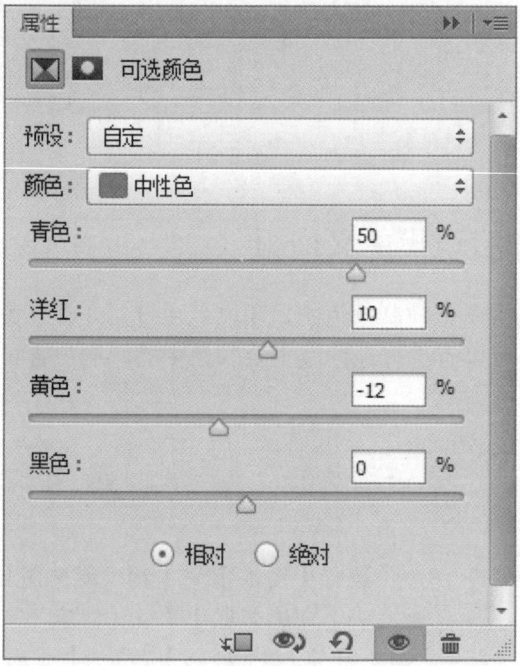

图 6-95

step 4 执行【图层】→【新建调整图层】→【曲线】命令，创建"曲线"调整图层，设置参数，如图 6-96 所示。

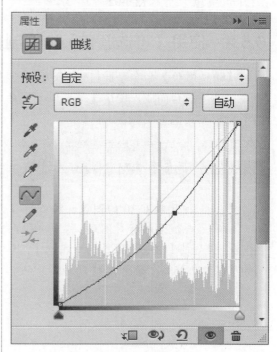

step 5 单击【渐变工具】按钮■，在工具选项栏中单击【径向渐变】按钮■，在图像上单击并拖动鼠标添加渐变，如图 6-97 所示。

图 6-96

图 6-97

step 6 打开名为 31 的图像，将其拖入 30 素材中，调整位置。通过以上步骤即可完成海报的制作，如图 6-98 所示。

图 6-98

Section
6.6　　**本章小结与课后练习**

本节内容无视频课程

　　本章主要介绍了调节图像色彩效果、自动校正颜色、校正图像色彩以及手动自定义调整色调等内容。学习本章内容后，用户可以掌握使用 Photoshop 调整图像色调与色彩的方法，为进一步使用软件制作图像奠定了基础。

6.6.1　思考与练习

1. 填空题

　　(1)　_____命令可以指定图像中每个通道的色调级数目或亮度值，然后将像素映射到最接近的匹配级别。

　　(2)　在 Photoshop CC 中，用户使用_____命令可以将照片制作出底片效果，或将底片图像转换成冲印效果。

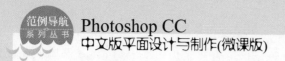
2. 判断题

(1) 在 Photoshop CC 中，用户使用【照片滤镜】命令可以对图像进行黑白图像效果的制作。   (   )

(2) 在 Photoshop CC 中，用户使用【自动对比度】命令可以快速将图像去除颜色，只保留黑白效果。   (   )

3. 思考题

(1) 如何通过【曲线】命令调整图像？

(2) 如何通过【自然饱和度】命令调整图像？

6.6.2　上机操作

(1) 通过本章的学习，读者基本可以掌握自动校正颜色方面的知识，下面通过练习使用【自动颜色】命令调整图像，以达到巩固与提高的目的。

(2) 通过本章的学习，读者基本可以掌握手动自定义调整色调方面的知识，下面通过练习使用【通道混合器】命令调整图像，以达到巩固与提高的目的。

范例导航
系列丛书

第7章

使用颜色与画笔工具

本章主要介绍选取颜色、填充颜色与描边、转换图像色彩模式、设置【画笔】面板方面的知识与技巧，同时讲解如何使用绘画工具。通过本章的学习，读者可以掌握使用颜色与画笔工具方面的知识，为深入学习 Photoshop CC 知识奠定基础。

本 章 要 点

1. 选取颜色

2. 填充颜色与描边

3. 转换图像色彩模式

4. 设置【画笔】面板

5. 绘画工具

本节主要介绍在 Photoshop 中选取颜色的方法，首先要了解前景色和背景色的概念，然后就可以使用工具对颜色进行选取，选取颜色的方法包括使用拾色器对话框设置、使用吸管工具吸取、使用【色板】面板设置以及使用【颜色】面板等。

7.1.1 前景色和背景色

在 Photoshop CC 中，用户使用前景色可以绘画、填充和描边选区；使用背景色可以生成渐变填充和在图像已抹除的区域中填充。前景色和背景色按钮位于工具箱的下方。下面介绍前景色和背景色方面的知识，如图 7-1 所示。

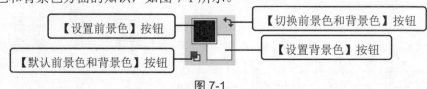

图 7-1

- 【设置前景色】按钮：如果准备更改前景色，可以在工具箱中单击该颜色框，然后在弹出的拾色器中选取一种颜色。
- 【默认前景色和背景色】按钮：单击此按钮，可以切换回默认的前景色和背景色颜色。默认的前景色是黑色，默认背景色是白色。
- 【切换前景色和背景色】按钮：如果准备反转前景色和背景色，可以单击该按钮。
- 【设置背景色】按钮：如果准备更改背景色，可以单击工具箱中该颜色框，然后在弹出的拾色器中选取一种颜色。

7.1.2 使用拾色器对话框设置颜色

单击工具箱中的【设置前景色】或者【设置背景色】按钮，打开拾色器对话框，如图 7-2 所示。在拾色器对话框中可以选择基于 HSB(色相、饱和度、亮度)、RGB(红色、绿色、蓝色)、Lab、CMYK(青色、洋红、黄色、黑色)等颜色模型来指定颜色。

- 色域/拾取的颜色：在色域中拖动鼠标可以改变当前拾取的颜色。
- 新的/当前：【新的】颜色块中显示的是当前设置的颜色，【当前】颜色块中显示的是上一次使用的颜色。
- 颜色滑块：拖曳颜色滑块可以调整颜色范围。
- 颜色值：显示了当前设置颜色的颜色值。输入颜色值可以精确定义颜色。在 CMYK 颜色模型内，可以用青色、洋红、黄色和黑色的百分比来指定每个分量的值；在 RGB 颜色模型内，可以指定 0~255 的分量值(0 是黑色，255 是白色)；在 HSB 颜色模型内，可通过百分比来指定饱和度和亮度，以 0~360 度的角度(对应于色轮上的位置)指定色相；在 Lab 模型内，可以输入 0~100 的亮度值(L)以及-128~127 的 a 值(绿色到洋红色)和 b 值(蓝色到黄色)；在#文本框中，可以输入一个十六进制值，如 000000 是黑色、fffff 是白色、ff0000 是红色，该选项主要用于指定网页色彩。

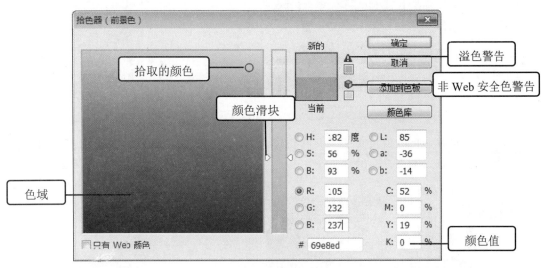

图 7-2

- 溢色警告：由于 RGB、HSB 和 Lab 颜色模型中的颜色在 CMYK 模型中没有等同的颜色，因此无法准确打印出来，这些颜色就是通常所说的"溢色"。出现该警告以后，可单击它下面的小方块，将颜色替换为 CMYK 色域中与其最为接近的颜色。
- 非 Web 安全色警告：表示当前设置的颜色不能再往上准确显示，单击警告下方的小方块，可以将颜色替换为与其最为接近的 Web 安全颜色。
- 【只有 Web 颜色】复选框：勾选该复选框，表示只在色域中显示 Web 安全色。
- 【添加到色板】按钮：单击该按钮，可以将当前设置的颜色添加到【色板】面板。
- 【颜色库】按钮：单击该按钮，可以切换到【颜色库】面板。

7.1.3 使用吸管工具快速吸取颜色

在 Photoshop CC 中，用户使用吸管工具可以快速拾取当前图像中的任意颜色。下面介绍使用吸管工具的方法。

 step 1 打开名为 1 的图像，单击【默认前景色和背景色】按钮，将前景色设置为黑色，背景色设置为白色，单击【吸管工具】按钮，将光标放在图像上，单击鼠标可以显示一个取样环，如图 7-3 所示。

step 2 此时可拾取单击点的颜色并将其设置为前景色，如图 7-4 所示。

图 7-3

图 7-4

 step 3 按住 Alt 键使用吸管工具在图像上单击，如图 7-5 所示。

 step 4 可以将单击点的颜色设置为前景色，如图 7-6 所示。

图 7-5

图 7-6

吸管工具选项栏如图 7-7 所示。

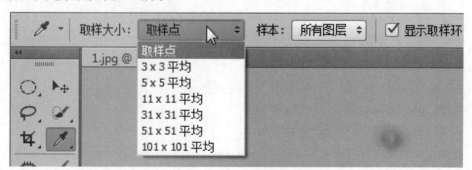

图 7-7

- 【取样大小】下拉列表框：用来设置常用工具的取样范围。选择【取样点】选项，可拾取光标所在位置像素的精确颜色；选择【3×3 平均】选项，可拾取光标所在位置 3 像素区域内的平均颜色；选择【5×5 平均】选项，可拾取光标所在位置 5 像素区域内的平均颜色。其他选项以此类推。

- 【样本】下拉列表框：选择【当前图层】选项表示只在当前图层上取样；选择【所有图层】选项表示在所有图层上取样。
- 【显示取样环】复选框：勾选该复选框，拾取颜色时会显示取样环。

知识精讲

如果在使用绘画工具时需要暂时使用吸管工具拾取前景色，可以按住 Alt 键将当前工具切换到吸管工具，松开 Alt 键后即可恢复到之前使用的工具。使用吸管工具采集颜色时，按住鼠标左键并将光标拖曳出画布之外，可以采集界面以外的颜色信息。

7.1.4 使用【色板】面板

用户也可以使用色板来设置颜色。执行【窗口】→【色板】菜单命令，打开【色板】面板，如图 7-8 所示。

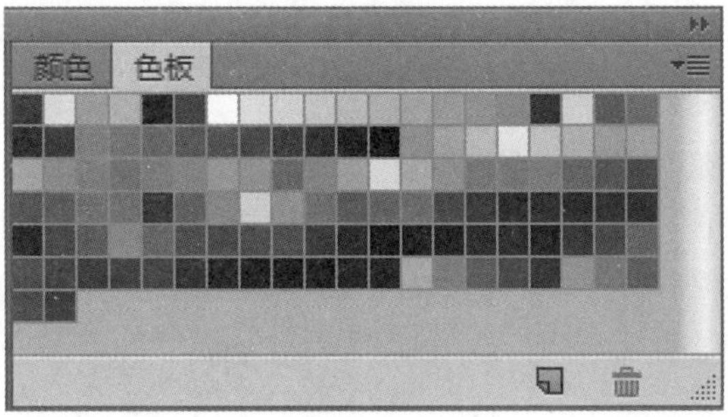

颜色
色板

图 7-8

【色板】面板菜单中提供了色板库，选择一个色板库，如图 7-9 和图 7-10 所示。

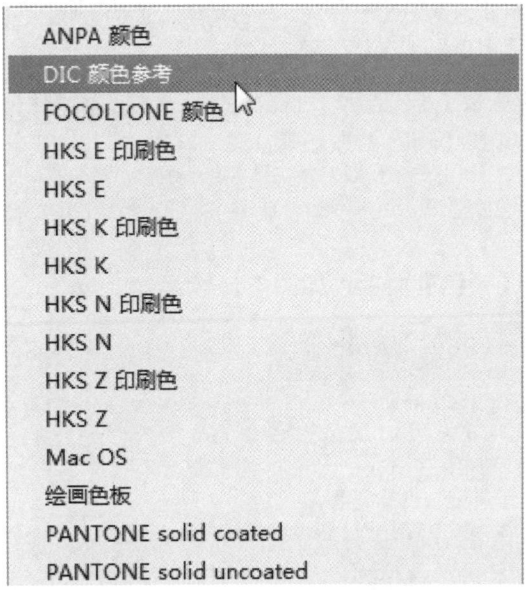

ANPA 颜色
DIC 颜色参考
FOCOLTONE 颜色
HKS E 印刷色
HKS E
HKS K 印刷色
HKS K
HKS N 印刷色
HKS N
HKS Z 印刷色
HKS Z
Mac OS
绘画色板
PANTONE solid coated
PANTONE solid uncoated

图 7-9

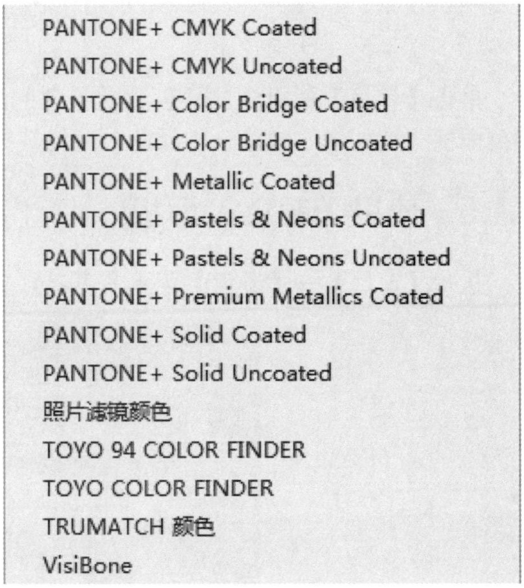

PANTONE+ CMYK Coated
PANTONE+ CMYK Uncoated
PANTONE+ Color Bridge Coated
PANTONE+ Color Bridge Uncoated
PANTONE+ Metallic Coated
PANTONE+ Pastels & Neons Coated
PANTONE+ Pastels & Neons Uncoated
PANTONE+ Premium Metallics Coated
PANTONE+ Solid Coated
PANTONE+ Solid Uncoated
照片滤镜颜色
TOYO 94 COLOR FINDER
TOYO COLOR FINDER
TRUMATCH 颜色
VisiBone

图 7-10

弹出提示信息，如图 7-11 所示，单击【确定】按钮，载入的色板库会替换面板中原有

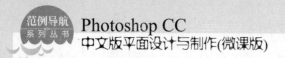
的颜色，如图 7-12 所示；单击【追加】按钮，则可在原有的颜色后面追加载入的颜色。如果要让面板恢复为默认的颜色，可执行面板菜单中的【复位色板】命令。

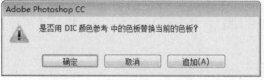

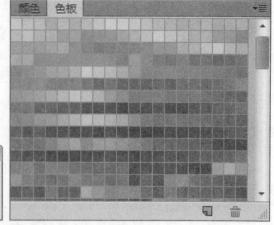

图 7-11   图 7-12

　　【色板】面板中的颜色都是预先设置好的，单击一个颜色样本，即可将它设置为前景色，如图 7-13 所示；按住 Ctrl 键单击，则可将它设置为背景色，如图 7-14 所示。

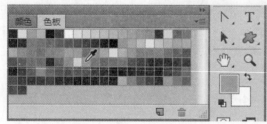
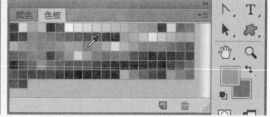

图 7-13   图 7-14

　　单击【色板】面板中的【创建前景色的新色板】按钮，可以将当前设置的前景色保存到面板中。如果要删除一种颜色，可将其拖曳到【删除】按钮上。

7.1.5　使用【颜色】面板

　　执行【窗口】→【颜色】菜单命令，打开【颜色】面板，如图 7-15 所示。

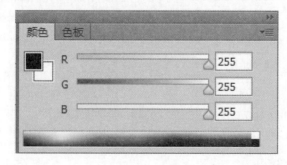

图 7-15

【颜色】面板采用类似于美术调色的方式来混合颜色，如果要编辑前景色，单击前景色块；如果要编辑背景色，则单击背景色块。

在 R、G、B 文本框中输入数值，或者拖曳滑块可调整颜色。

将光标放在面板下面的四色曲线图上，光标会变为吸管形状，单击可采集色样，如图 7-16 所示。打开面板菜单，选择不同的命令可以修改四色曲线图的模式，如图 7-17 所示。

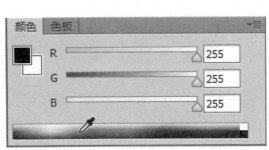

图 7-16

图 7-17

Section **7.2** 填充颜色与描边

手机扫描下方二维码，观看本节视频课程

填充是指在图像或选区内填充颜色，描边则是指为选区描绘可见的边缘。进行填充和描边操作时，可以使用油漆桶工具、【填充】和【描边】命令。本节将详细介绍填充颜色与描边的操作方法。

7.2.1 应用【填充】命令填充颜色

在 Photoshop CC 中，用户可以使用【填充】命令为当前图像填充颜色，下面介绍使用【填充】命令的方法。

 打开名为 2 的图像，如图 7-18 所示。

图 7-18

step 2 选择背景图层，单击【创建新图层】按钮，新建一个图层，如图 7-19 所示。

图 7-19

147

第 7 章 使用颜色与画笔工具

step 3 在【路径】面板中按住 Ctrl 键单击"路径 1"，载入选区，如图 7-20 所示。

图 7-20

step 5 按 Ctrl+D 组合键，取消选区，效果如图 7-22 所示。

图 7-22

step 4 执行【编辑】→【填充】菜单命令，弹出【填充】对话框，① 在【使用】下拉列表框中选择【图案】选项，打开图案下拉面板，执行面板菜单中的【自定图案】命令，载入该图案库，② 选择【草地】图案，③ 单击【确定】按钮，如图 7-21 所示。

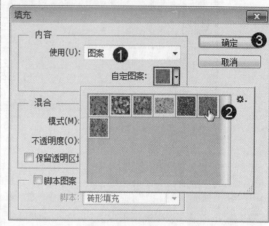

图 7-21

step 6 设置该图层的【混合模式】为【叠加】，采用相同方法将标签也填充为草地图案，如图 7-23 所示。

图 7-23

7.2.2 使用油漆桶工具

用户运用油漆桶工具可以使用设置的前景色或自带的图案进行填充。下面介绍运用油漆桶工具填充图案的方法。

step 1 打开名为 3 的图像，如图 7-24
所示。

图 7-24

 step 3 在狗狗的眼睛、鼻子和衣服上单
击，填充前景色，如图 7-26 所示。

图 7-26

 step 2 单击【油漆桶工具】按钮，在工具
选项栏中将【填充】设置为【前景】，
【容差】设置为 32。在【颜色】面板中调整
前景色的 R、G、B 数值，如图 7-25 所示。

图 7-25

 step 4 使用相同方法为其他部分填色，
如图 7-27 所示。

图 7-27

 step 5 设置前景色 R、G、B 为 255、198、
210，填充背景部分，① 在工具选
项栏中将【填充】设置为【图案】，② 选择
一个图案，如图 7-28 所示。

step 6 在背景上单击填充图案，如图 7-29
所示。

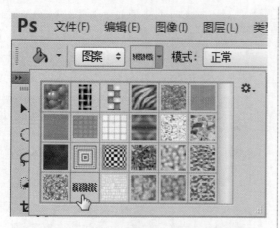

图 7-28

图 7-29

step 7 执行【编辑】→【渐隐】菜单命令，打开【渐隐】对话框，① 设置【模式】为【叠加】，② 设置【不透明度】为100%，③ 单击【确定】按钮，如图 7-30 所示。

step 8 通过以上步骤即可完成使用油漆桶工具填充颜色的操作，如图 7-31 所示。

图 7-30

图 7-31

油漆桶工具选项栏如图 7-32 所示。

图 7-32

- 【填充内容】下拉列表框：有两个选项可供选择，一个是【前景】选项，一个是【图案】选项。
- 【模式】下拉列表框：用来设置填充内容的混合模式，如果将【模式】设置为【颜色】，则填充颜色时不会破坏图像中原有的阴影和细节。
- 【不透明度】文本框：用来设置填充内容的不透明度。
- 【容差】文本框：用来定义必须填充的像素颜色相似程度。低容差会填充颜色值范围内与单击点像素非常相似的像素，高容差则填充更大范围内的像素。
- 【消除锯齿】复选框：可以平滑填充选区的边缘。

- 【连续的】复选框：勾选该复选框，只填充与鼠标单击点相邻的像素；取消勾选该复选框时，可填充图像中的所有相似像素。

- 【所有图层】复选框：勾选该复选框，表示基于所有可见图层中的合并颜色数据填充像素，取消勾选该复选框则仅填充当前图层。

7.2.3 使用渐变工具

在 Photoshop CC 中，用户运用渐变工具可以对图像进行填充渐变色彩的操作。下面介绍运用渐变工具的方法。

step 1 打开名为 4 的图像，单击【渐变工具】按钮，在选项栏中单击【线性渐变】按钮，再单击【点按可编辑渐变】按钮，如图 7-33 所示。

step 2 打开【渐变编辑器】对话框，① 在【预设】区域选择一种渐变样式，② 设置渐变条上的色标颜色 R、G、B 数值从左到右依次为白色(255、255、255)、浅蓝(106、192、246)、深蓝(17、54、91)，③ 单击【确定】按钮，如图 7-34 所示。

图 7-33

step 3 按住 Shift 键单击并拖动鼠标，填充渐变，如图 7-35 所示。

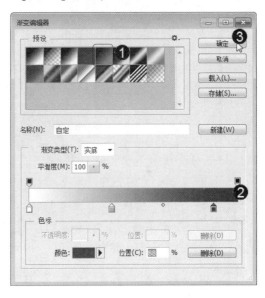

图 7-34

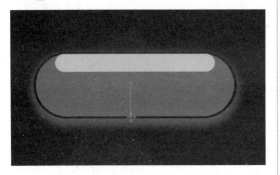

图 7-35

step 4 通过以上步骤即可完成使用渐变工具的操作，如图 7-36 所示。

图 7-36

7.2.4　图像描边

在 Photoshop CC 中，用户运用【描边】命令可以对图像进行描边操作。下面介绍运用【描边】命令的方法。

 step 1　打开名为 5 的图像，使用魔棒工具选择背景，如图 7-37 所示。

图 7-37

 step 3　执行【编辑】→【描边】菜单命令，弹出【描边】对话框，① 设置参数，② 单击【确定】按钮，如图 7-39 所示。

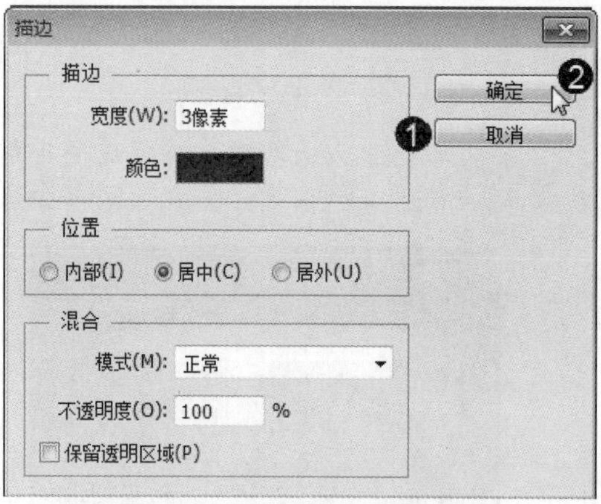

图 7-39

step 2　按 Shift+Ctrl+I 组合键反选，选中人物，单击【图层】面板底部的【创建新图层】按钮，新建一个图层，如图 7-38 所示。

图 7-38

step 4　按 Ctrl+D 组合键取消选区，效果如图 7-40 所示。

图 7-40

step 5 在工具选项栏中设置魔棒工具的【容差】为 30，勾选【对所有图层取样】复选框，在人物眼睛、身上单击创建选区，如图 7-41 所示。

step 6 新建一个图层，设置前景色 R、G、B 的数值为 242、206、192，按 Alt+Delete 组合键为选区填充前景色，如图 7-42 所示。

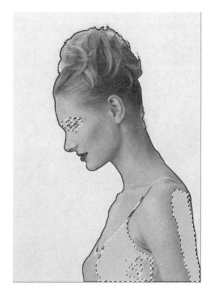

图 7-42

step 8 在背景图层上方新建一个图层，填充白色，用该图层隐藏人像，只显示描边内容，如图 7-44 所示。

图 7-41

step 7 设置前景色为洋红。执行【编辑】→【描边】菜单命令，弹出【描边】对话框，① 设置参数，② 单击【确定】按钮，如图 7-43 所示。

描边

描边
宽度(W): 1 像素 ①
颜色: ■

确定 ②
取消

位置
○ 内部(I) ● 居中(C) ○ 居外(U)

混合
模式(M): 正常 ▾
不透明度(O): 100 %
□ 保留透明区域(P)

图 7-43

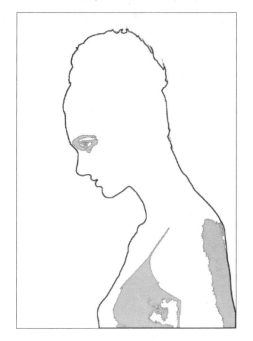

图 7-44

step 9　单击【图层】面板中的【锁定透明像素】按钮■，将前景色设置为粉色(255、213、231)，使用画笔工具将人物头顶的黑线涂成粉色，如图7-45所示。

step 10　打开名为 6 的图像，使用移动工具将其拖入 5 图像中，调整位置，如图7-46所示。

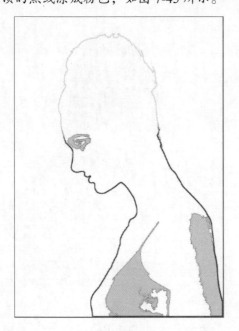

图 7-45

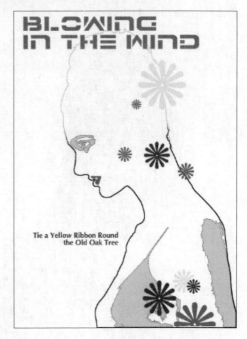

图 7-46

知识精讲

在【描边】对话框中，【宽度】选项可以设置描边宽度；单击【颜色】选项的颜色块，可以打开拾色器对话框，设置描边颜色；【位置】区域可以设置描边相对于选区的位置，包括【内部】、【居中】和【居外】3 个选项；【混合】区域可以设置描边颜色的混合模式和不透明度，勾选【保留透明区域】复选框，表示只对包含像素的区域描边。

Section
7.3
转换图像色彩模式

手机扫描下方二维码，观看本节视频课程

颜色模式决定了用来显示和打印所处理图像的颜色方法。打开一个文件，在【图像】→【模式】下拉菜单中选择一种模式，即可将其转换为该模式。颜色模式基于颜色模型，选择一种颜色模式，就等于选用了某种特定的颜色模型。

7.3.1　RGB 模式

　　RGB 颜色模式采用三基色模型，又称为加光模式，是目前图像软件最常用的基本颜色模式。RGB 分别代表 Red(红色)、Green(绿色)、Blue(蓝色)，三基色可复合生成 1670 多万种颜色。

　　RGB 颜色模式下的图像只有在发光体上才能显示出来，如显示器、电视等，该模式是一种真色彩颜色模式。

　　　　在 Photoshop 中，除非有特殊要求而使用特定的颜色模式，RGB 模式都是首选。在这种模式下可以使用所有 Photoshop 工具和命令，而其他模式则会受到限制。

7.3.2　CMYK 模式

　　CMYK 颜色模式是一种印刷模式，C、M、Y 是 3 种印刷油墨名称的首字母，C 代表 Cyan(青色)、M 代表 Magenta(洋红)、Y 代表 Yellow(黄色)，而 K 代表 Black(黑色)。CMYK 模式也叫减光模式，该模式下的图像只有在印刷体上才可以观察到，如纸张。CMYK 颜色模式包含的颜色总数比 RGB 模式少很多，所以显示器上观察到的图像要比印刷出来的图像亮丽一些。

7.3.3　位图模式

　　位图模式使用黑色、白色两种颜色值中的一种来表示图像中的像素。将图像转换为位图模式会使图像减少到两种颜色，从而大大简化了图像中的颜色信息，同时也减小了文件。由于位图模式只能包含黑、白两种颜色，所以将一幅彩色图像转换为位图模式时，需要先将其转换为灰度模式，这样就可以先删除像素中的色相和饱和度信息，从而只保留亮度值。由于位图模式下图像只有很少的编辑命令可用，因此需要在灰度模式下编辑图像，然后再将其转换为位图模式。

　　打开一幅图像，执行【图像】→【模式】→【灰度】菜单命令，再执行【图像】→【模式】→【位图】菜单命令，打开【位图】对话框，如图 7-47 所示。在【输出】文本框中可以设置图像的输出分辨率，在【方法】选项中可以选择一种转换方法。

图 7-47

- 【50%阈值】选项：将 50%色调作为分界点，灰色值高于中间色阶 128 的像素转换为白色，灰色值低于色阶 128 的像素转换为黑色。
- 【图案仿色】选项：用黑白点图案模拟色调。
- 【扩散仿色】选项：通过使用从图像左上角开始的误差扩散过程来转换图像，由于转换过程的误差原因，会产生颗粒状的纹理。
- 【半调网屏】选项：可模拟平面印刷中使用的半调网点外观。
- 【自定图案】选项：可选择一种图案来模拟图像中的色调。

7.3.4　灰度模式

灰度模式的图像不包含颜色，彩色图像转换为该模式后，色彩信息都会被删除。灰度图像中的每像素都有一个 0～255 的亮度值，0 代表黑色，255 代表白色，其他值代表了黑、白中间过渡的灰色。在 8 位图像中，最多有 256 级灰度，在 16 位和 32 位图像中，图像中的级数比 8 位图像要大得多。

7.3.5　双色调模式

双色调模式采用一组曲线来设置各种颜色的油墨，可以得到比单一通道更多的色调层次，能在打印中表现出更多的细节。双色调模式还可以为 3 种或 4 种油墨颜色制版。执行【图像】→【模式】→【双色调模式】菜单命令，打开【双色调选项】对话框，如图 7-48 所示。

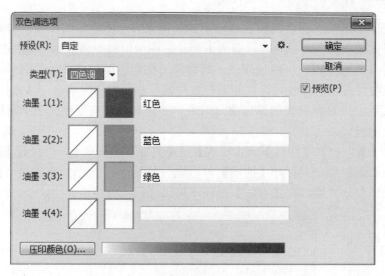

图 7-48

- 【预设】下拉列表框：可以选择一个预设的调整文件。
- 【类型】下拉列表框：在下拉列表框中可以选择【单色调】、【双色调】、【三色调】及【四色调】选项。单色调是使用非黑色的单一油墨打印的灰度图像；双色调、三色调和四色调分别是用两种、3 种和 4 种油墨打印的灰度图像。选择之后，单击各个油墨颜色块，可以打开【颜色库】设置油墨颜色。

- 【压印颜色】按钮：压印颜色是指相互打印在对方纸上的两种无网屏油墨。单击该按钮可以在打开的【压印颜色】对话框中设置压印颜色在屏幕上的外观。

7.3.6　索引颜色

使用 256 种或更少的颜色替代全彩图像中上百万种颜色的过程叫作索引。Photoshop 会构建一个颜色查找表，存放图像中的颜色。如果原图像中的某种颜色没有出现在该表中，则程序会选取最近的一种，或使用仿色以现有颜色来模拟该颜色。索引模式是 GIF 文件默认的颜色模式。执行【图像】→【模式】→【索引颜色】菜单命令，打开【索引颜色】对话框，如图 7-49 所示。

图 7-49

- 【调板】下拉列表框：可以选择转换为索引颜色后使用的调板类型，它决定了使用哪些颜色。如果选择【平均分布】、【可感知】、【可选择】或【随样性】选项，可通过输入【颜色】值指定要显示的实际颜色数量(多达 256 种)。
- 【强制】下拉列表框：可以选择将某些颜色强制包括在颜色表中的选项。
- 【杂边】下拉列表框：指定用于填充与图像的透明区域相邻的消除锯齿边缘的背景色。
- 【仿色】下拉列表框：在下拉列表框中可以选择是否使用仿色。如果要使用颜色表中没有的颜色，可以采用仿色。仿色会混合现有颜色的像素，以模拟缺少的颜色。要是用仿色，可在该下拉列表框中选择仿色选项，并输入仿色数量的百分比值。该值越高，所仿颜色越多，但可能会增加文件占用的存储空间。

　　查找表(Look Up Table，LUT)在数字图像处理领域应用广泛。例如，在电影数字后期制作中，调色师需要利用查找表来查找有关颜色的数据，它可以确定特定图像所要显示的颜色和强度，将索引号与输出值建立对应关系。

7.3.7　Lab 颜色模式

Lab 模式是 Photoshop 进行颜色模式转换时使用的中间模式。例如，将 RGB 图像转换为 CMYK 模式时，Photoshop 会先将其转换为 Lab 模式，再由 Lab 模式转换为 CMYK 模式。

因此，Lab 的色域模式最宽，它涵盖了 RGB 和 CMYK 的色域。

在 Lab 颜色模式中，L 代表亮度分量，它的范围为 0~100；a 代表由绿色到红色的光谱变化；b 代表由蓝色到黄色的光谱变化。颜色分量 a 和 b 的取值范围均为-128~127。

Lab 模式在照片调色中有着非常大的优势，当处理明度通道时，可以在不影响色相和饱和度的情况下轻松修改图像的明暗信息；处理 a 和 b 通道时，则可以在不影响色调的情况下修改颜色。

Section 7.4　设置【画笔】面板

手机扫描下方二维码，观看本节视频课程

　　【画笔】面板是重要的面板之一，它可以设置绘画工具(画笔、铅笔、历史记录画笔等)以及修饰工具(涂抹、加深、减淡等)的笔尖种类、画笔大小和硬度，并且可以创建自己需要的特殊画笔。本节将详细介绍有关【画笔】面板的知识。

7.4.1　【画笔预设】面板

执行【窗口】→【画笔预设】菜单命令，打开【画笔预设】面板，如图 7-50 所示。在【画笔预设】面板中，用户可以设置画笔的大小、形状和硬度等特性。

单击画笔工具选项栏中的 按钮，可以打开画笔下拉面板。在面板中不仅可以选择笔尖、调整画笔大小，还可以调整笔尖的硬度，如图 7-51 所示。

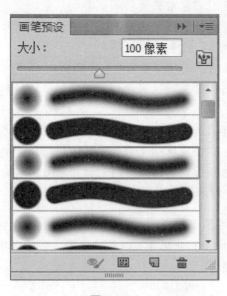

图 7-50

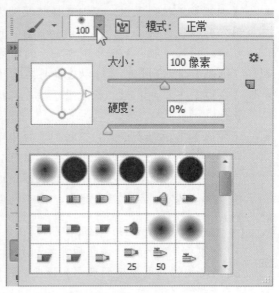

图 7-51

- 【大小】文本框：拖曳滑块或在文本框中输入数值可调整画笔的大小。
- 【硬度】文本框：用来设置画笔笔尖的硬度。

- 【创建新的预设】按钮：单击该按钮，可以打开【画笔名称】对话框，输入画笔名称，单击【确定】按钮，可以将当前画笔保存为一个预设的画笔。

单击画笔下拉面板中的 按钮，或单击【画笔预设】面板右上角的 按钮，可以打开完全相同的面板菜单，如图7-52和图7-53所示。

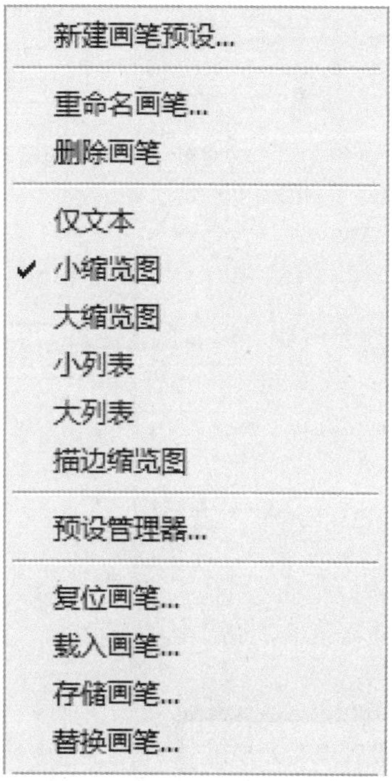

新建画笔预设...
重命名画笔...
删除画笔
仅文本
✓ 小缩览图
大缩览图
小列表
大列表
描边缩览图
预设管理器...
复位画笔...
载入画笔...
存储画笔...
替换画笔...

混合画笔
基本画笔
书法画笔
DP 画笔
带阴影的画笔
干介质画笔
人造材质画笔
M 画笔
自然画笔 2
自然画笔
大小可调的圆形画笔
特殊效果画笔
方头画笔
粗画笔
湿介质画笔

图 7-52 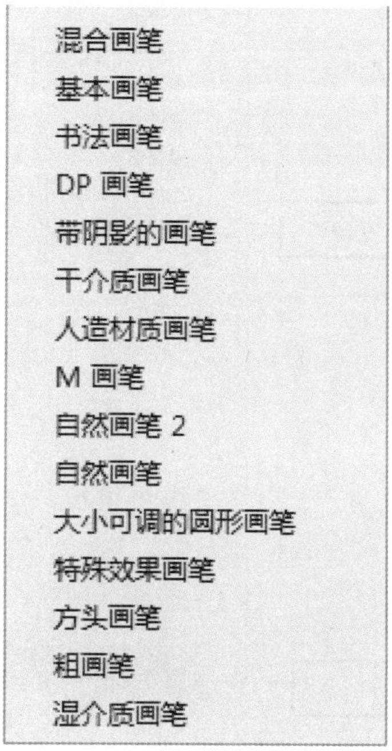   图 7-53

7.4.2 【画笔】面板

执行【窗口】→【画笔】菜单命令，即可打开【画笔】面板，如图7-54所示。

- 【画笔预设】按钮：单击该按钮，可以打开【画笔预设】面板。
- 画笔设置区域：勾选该区域中的选项，面板中会显示该选项的详细设置内容，它们用来改变画笔的角度、圆度，以及为其添加纹理、颜色动态等变量。
- 锁定/未锁定图标：显示锁定图标时，表示当前画笔的笔尖形状属性(形状动态、散布、纹理等)为锁定状态。单击该图标即可取消锁定。
- 选中的画笔笔尖样式：当前选择的画笔笔尖。
- 画笔笔尖/画笔描边预览区域：显示了 Photoshop 提供的预设画笔笔尖。选择一个笔尖后，可在画笔描边预览区域预览该笔尖的形状。
- 画笔参数选项区域：用来调整画笔的参数。
- 【显示画笔样式】按钮：使用毛刷笔尖时，在窗口中显示笔尖样式。
- 【打开预设管理器】按钮：单击该按钮，可以打开【预设管理器】对话框。
- 【创建新画笔】按钮：如果想对一个预设的画笔进行调整，可单击该按钮，将其保存为一个新的预设画笔。

第 7 章　使用颜色与画笔工具

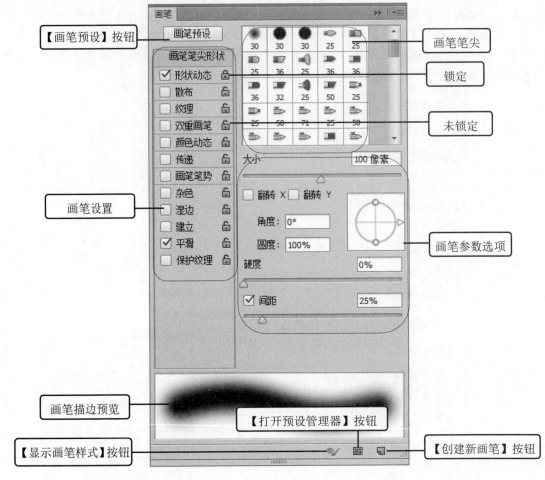

图 7-54

7.4.3　画笔笔尖种类及形状

Photoshop 提供了 3 种类型的笔尖，即圆形笔尖、非圆形的图像样本笔尖及毛刷笔尖，如图 7-55 所示。

如果要对预设的画笔进行修改，如调整画笔的大小、角度、圆度、硬度和间距等笔尖形状特性，可以单击【画笔】面板中的【画笔笔尖形状】选项，然后在显示的选项中进行设置，如图 7-56 所示。

- 【大小】文本框：用来设置画笔的大小，范围为 1～5000 像素。
- 【翻转 X】/【翻转 Y】复选框：用来改变画笔笔尖在其 X 轴或 Y 轴上的方向。
- 【角度】文本框：用来设置圆形笔尖和图像样本笔尖的旋转角度。可以在文本框中输入角度值，也可以拖曳箭头进行调整。
- 【圆度】文本框：用来设置画笔长轴和短轴之间的比率。可以在文本框中输入数值或拖曳控制点来调整。当该值为 100%时，笔尖为圆形，设置为其他值时可将画笔压扁。

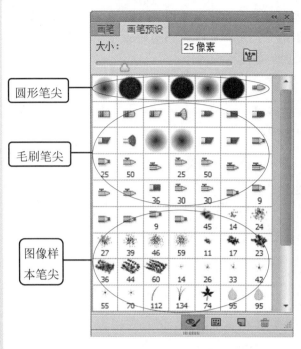

圆形笔尖 ——

毛刷笔尖 ——

图像样
本笔尖 ——

图 7-55

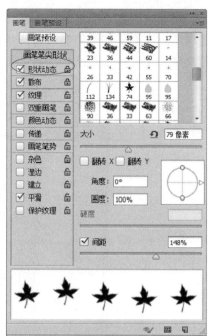

图 7-56

圆形笔尖包含尖角、柔角、实边和柔边几种样式，如图 7-57 所示。使用尖角和实边笔尖绘制的线条具有清晰的边缘；而所谓的柔角和柔边，就是线条的边缘柔和，呈现逐渐淡出的效果。

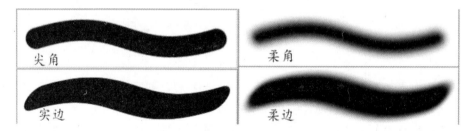

图 7-57

通常情况下，尖角和柔角笔尖比较常用。将笔尖硬度设置为 100%可以得到尖角笔尖，它具有清晰的边缘；笔尖硬度低于 100%时可以得到柔角笔尖，它的边缘是模糊的。

7.4.4 设置画笔的形状动态

形状动态决定了描边中画笔的笔迹如何变化，可以使画笔的大小、圆度等产生随机变化效果。双击【画笔】面板中的【形状动态】选项，即可进入【形状动态】选项的设置界面，如图 7-58 所示。

- 【大小抖动】文本框：用来设置画笔笔迹大小的改变方式。该值越高，轮廓越不规则。在【控制】微调框中可以选择抖动的改变方式，选择【关】，表示无抖动；选择【渐隐】，可按照指定数量的步长在初始直径和最小直径之间渐隐画笔轨迹，

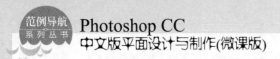

使其产生逐渐淡出的效果；如果计算机配置有数位板，则可以选择【钢笔压力】、
【钢笔斜度】、【光笔轮】和【旋转】选项，用户可根据钢笔的压力、斜度、钢笔
的旋转来改变初始直径和最小直径之间的画笔笔迹大小。

图 7-58

- 【最小直径】文本框：启用了【大小抖动】后，可通过该选项设置画笔笔迹可以
  缩放的百分比。该值越高，笔尖直径的变化越小。
- 【角度抖动】文本框：用来改变画笔笔迹的角度。如果要指定画笔角度的改变方
  式，可在【控制】下拉列表框中选择一个选项。
- 【圆度抖动】/【最小圆度】文本框：用来设置画笔笔迹的圆度在描边中的变化方
  式。可以在【控制】下拉列表框中选择一个控制方法，当启用了一种控制方法后，
  可在【最小圆度】文本框中设置画笔笔迹的最小圆度。
- 【翻转 X 抖动】/【翻转 Y 抖动】复选框：用来设置笔尖在其 X 轴或 Y 轴上的方向。

7.4.5 设置画笔散布效果

散布决定了描边中笔迹的数目和位置，使笔迹沿绘制的线条扩散。双击【画笔】面板
中的【散布】选项，即可进入【散布】选项的设置界面，如图 7-59 所示。

- 【散布】/【两轴】文本框：用来设置画笔笔迹的分散程度。该值越高，分散的范
  围越广。如果勾选【两轴】复选框，画笔笔迹将以中间为基准，向两侧分散。如

果要指定画笔笔迹如何散布变化，可以在【控制】微调框中选择需要的选项。

- 【数量】文本框：用来指定在每个间距间隔应用的画笔笔迹数量。增加该值可以重复笔迹。
- 【数量抖动】文本框：用来指定画笔笔迹的数量如何针对各种间距间隔而变化。
- 【控制】微调框：用来设置画笔笔迹的数量如何变化。

7.4.6　设置画笔纹理效果

如果要使画笔绘制出的线条如同在带纹理的画布上绘制的一样，可以双击【画笔】面板中的【纹理】选项，进入【纹理】选项的设置界面，选择一种图案，将其添加到描边中，以模拟画布效果，如图 7-60 所示。

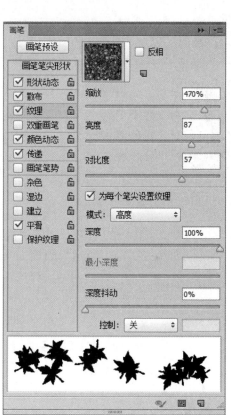

图 7-59　　　　　　　　　　图 7-60

- 【设置纹理】/【反相】按钮：单击图案缩览图右侧的按钮，可以在打开的下拉面板中选择一个图案，将其设置为纹理。勾选【反相】复选框，可基于图中的色调反转纹理中的亮点和暗点。
- 【缩放】文本框：用来缩放图案。
- 【为每个笔尖设置纹理】复选框：用来决定绘画时是否单独渲染每个笔尖。如果不选择该项，将无法使用【深度】选项。
- 【模式】微调框：在该微调框中可以选择图案与前景色之间的混合模式。
- 【深度】文本框：用来指定油彩渗入纹理中的深度。该值为 0% 时，纹理中的所有

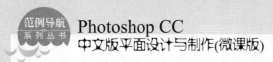
点都接受相同量的油彩，进而隐藏图案；该值为 100%时，纹理中的暗点不接受任何油彩。

- 【最小深度】文本框：用来指定当【控制】设置为【渐隐】【钢笔压力】【钢笔斜度】或【光笔轮】，并勾选【为每个笔尖设置纹理】复选框时油彩可渗入的最小深度。只有勾选【为每个笔尖设置纹理】复选框后，打开【控制】选项，该选项才可用。

- 【深度抖动】文本框：用来设置纹理抖动的最大百分比。只有勾选【为每个笔尖设置纹理】复选框后，该选项才可用。如果要指定如何控制画笔笔迹的深度变化，可在【控制】微调框中选择需要的选项。

Section 7.5 　绘画工具

手机扫描下方二维码，观看本节视频课程

Photoshop CC 提供了强大的绘图工具，其中画笔工具是最基本和最常用的工具。利用绘图工具绘制各种具有艺术笔刷效果的图像，可以丰富作品的效果，增强作品的艺术表现力。本节将详细介绍绘画工具的相关知识。

7.5.1　画笔工具

画笔工具类似于传统的毛笔，它使用前景色绘制线条。画笔不仅能够绘制图画，还可以修改蒙版和通道。图 7-61 所示为画笔工具选项栏。

图 7-61

- 画笔下拉面板：单击【画笔】选项右侧的 按钮，可以打开画笔下拉面板，在面板中可以选择笔尖，设置画笔的大小和硬度参数。

- 【模式】下拉列表框：在下拉列表中可以选择画笔笔迹颜色与下面像素的混合模式。

- 【不透明度】文本框：用来设置画笔的不透明度，该值越低，线条的透明度越高。

- 【流量】文本框：用来设置当光标移动到某个区域上方时应用颜色的速率。在某个区域上方涂抹时，如果一直按住鼠标左键，颜色将随流动速率增加，直至达到不透明度设置。

- 【喷枪】按钮 ：单击该按钮，可以启用喷枪功能，Photoshop 会根据按住鼠标左键时的时间长短确定画笔线条的填充数量。

- 【绘图板压力】按钮 ：单击这两个按钮后，用数位板绘画时，光笔压力可覆盖【画笔】面板中的不透明度和大小设置。

7.5.2　铅笔工具

铅笔工具也是使用前景色来绘制线条的，它与画笔工具的区别是：画笔工具可以绘制带有柔边效果的线条，铅笔工具只能绘制硬边线条。图 7-62 所示为铅笔工具的选项栏，除【自动抹除】功能外，其他选项均与画笔工具相同。

图 7-62

【自动抹除】复选框：勾选该复选框，开始拖动鼠标时，如果光标的中心在包含前景色的区域上，可将该区域涂抹成背景色；如果光标的中心在不包含前景色的区域上，则可将该区域涂抹成前景色。

如果用缩放工具放大观察铅笔工具绘制的线条就会发现，线条边缘呈现清晰的锯齿状，这是铅笔工具绘画的一大特点。在 Photoshop 中，绘画与绘图是两个截然不同的概念，绘画是绘制和编辑基于像素的位图图像，而绘图则是使用矢量工具创建和编辑矢量图形。

Section **7.6**　范例应用与上机操作

手机扫描下方二维码，观看本节视频课程

在本节的学习过程中，将侧重介绍和讲解与本章知识点有关的范例应用及技巧，主要包括创建透明渐变、使用定义图案绘制足球海报等内容。通过范例应用与上机操作帮助用户更好地掌握使用颜色与画笔工具的方法。

7.6.1　创建透明渐变

透明渐变是指包含透明像素的渐变。下面详细介绍使用透明渐变表现雷达图标的玻璃质感的操作方法。

素材文件　第 7 章\素材文件\8.psd
效果文件　第 7 章\效果文件\8.jpg

step **1**　打开名为 8 的图像，选择背景图层，在【图层】面板中单击【创建新图层】按钮，在背景图层上方创建一个新图层，如图 7-63 所示。

step **2**　使用多边形套索工具 创建选区，如图 7-64 所示。

范例导航
系列丛书

Photoshop CC
中文版平面设计与制作(微课版)

图 7-63

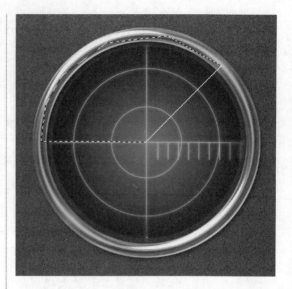

图 7-64

step 3 将前景色设置为白色，单击【渐变工具】按钮，在工具选项栏中选择【前景-透明渐变】样式，在选区内填充线性渐变，如图 7-65 所示。

step 4 按 Ctrl+D 组合键取消选区，新建一个图层，使用椭圆工具创建一个圆形选区，如图 7-66 所示。

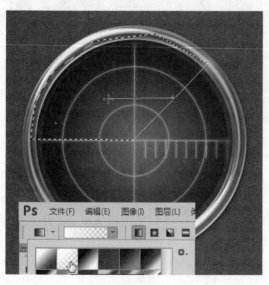

图 7-65

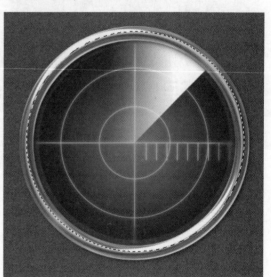

图 7-66

step 5 在工具选项栏中单击【从选区中减去】按钮，按住 Alt 键在雷达下半部分创建一个椭圆选区，放开鼠标后进行选区运算，得到一个月牙形选区，如图 7-67 所示。

step 6 使用渐变工具填充从上向下的透明渐变，如图 7-68 所示。

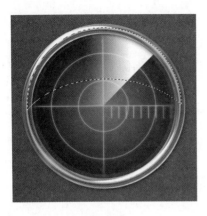

图 7-67

 step 7 按 Ctrl+D 组合键取消选区，设置
不透明度为 64%效果，如图 7-69
所示。

图 7-69

step 9 将前景色设置为棕色(185、123、
19)，单击【画笔工具】按钮，在
工具选项栏中设置画笔大小，如图 7-71 所示。

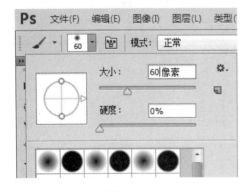

图 7-71

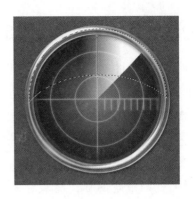

图 7-68

step 8 在背景图层上方新建一个图层，
设置【混合模式】为【线性减淡(添
加)】，如图 7-70 所示。

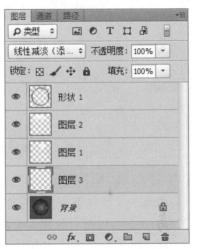

图 7-70

step10 在雷达图标上点几处亮点，再将
前景色设置为黄色，将画笔笔尖
调小，再点上一些亮点，如图 7-72 所示。

图 7-72

7.6.2　使用定义图案绘制足球海报

使用【定义图案】命令可以将图层或选区中的图像定义为图案。定义图案后，可以用【填充】命令将图案填充到整个图层区域或选区中。

素材文件 第7章\素材文件\9.psd、10.psd

效果文件 第7章\效果文件\员工档案.doc

 打开名为9的图像，单击背景图层的眼睛图标，隐藏背景图层，如图7-73所示。

图 7-73

step 3　执行【编辑】→【定义图案】菜单命令，打开【图案名称】对话框，① 输入名称，② 单击【确定】按钮，如图7-75所示。

图 7-75

step 5　执行【编辑】→【填充】菜单命令，打开【填充】对话框，在【使用】下拉列表框中选择【图案】选项，在【自定图案】下拉列表框中选择新建的图案，单击【确定】按钮，如图7-77所示。

step 2　使用矩形选框工具选中图案，如图7-74所示。

图 7-74

step 4　按 Delete 键删除图案，使"图层1"成为透明图层，按 Ctrl+D 组合键取消选区，如图7-76所示。

图 7-76

step 6　图像被图案填充，如图7-78所示。

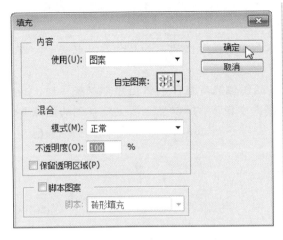

图 7-77

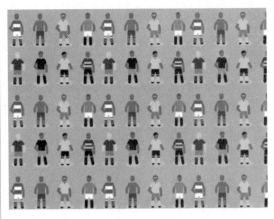

图 7-78

 打开名为 10 的图像，使用移动工具将其拖入 9 图像中，如图 7-79 所示。

图 7-79

Section 7.7 本章小结与课后练习

本节内容无视频课程

本章主要介绍了选取颜色、填充颜色与描边、转换图像色彩模式、设置【画笔】面板以及绘画工具等内容。学习本章内容后，用户可以掌握使用 Photoshop 颜色与绘画工具的方法，为进一步使用软件制作图像奠定了基础。

7.7.1 思考与练习

1. 填空题

(1) 在拾色器对话框中可以选择基于_____(色相、饱和度、亮度)、RGB(红色、绿色、蓝色)、_____、_____(青色、洋红、黄色、黑色)等颜色模型来指定颜色。

(2) RGB 颜色模式采用三基色模型，又称为_____，是目前图像软件最常用的基本颜色模式。RGB 分别代表_____、Green(绿色)、_____，三基色可复合生成 1670 多万种颜色。

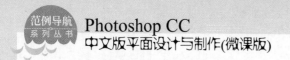

2. 判断题

(1) RGB 颜色模式下的图像只有在发光体上才能显示出来，如显示器、电视等，该模式是一种真色彩颜色模式。   （   ）

(2) CMYK 模式也叫减光模式，该模式下的图像只有在印刷体上才可以观察到，如纸张。CMYK 颜色模式包含的颜色总数比 RGB 模式少很多，所以显示器上观察到的图像要比印刷出来的图像亮丽些。   （   ）

3. 思考题

(1) 如何使用油漆桶工具？

(2) 如何为图像描边？

7.7.2 上机操作

(1) 通过本章的学习，读者基本可以掌握选取颜色方面的知识，下面通过练习使用吸管工具吸取颜色，以达到巩固与提高的目的。

(2) 通过本章的学习，读者基本可以掌握填充颜色方面的知识，下面通过练习使用渐变工具，以达到巩固与提高的目的。

170

第 **8** 章

图层及图层样式

本章主要介绍图层基本原理、新建图层和图层组、编辑图层、排列与分布图层、合并与盖印图层方面的知识与技巧，同时讲解图层样式的相关知识。通过本章的学习，读者可以掌握图层与图层样式方面的知识，为深入学习 Photoshop CC 知识奠定基础。

本 章 要 点

1. 图层基本原理
2. 新建图层和图层组
3. 编辑图层
4. 排列与分布图层
5. 合并与盖印图层
6. 图层样式

Section **8.1**	图层基本原理

手机扫描下方二维码，观看本节视频课程

图层是 Photoshop 的核心功能。在 Photoshop 中，图层几乎承载了所有的编辑操作，如果没有图层，所有的图像将处在同一个平面上，这对于图像的编辑来讲，简直是无法想象的，正是因为有了图层功能，Photoshop 才变得如此强大。

8.1.1　图层概述

从管理图像的角度来看，图层就像是保管图像的文件夹；从图像合成的角度来看，图层就如同堆叠在一起的透明纸。每个图层上都保存着不同的图像，用户可以透过上面图层的透明区看到下面图层中的图像。各个图层中的对象都可以单独处理，而不会影响其他图层中的内容，图层可以移动，也可以调整堆叠顺序。除背景图层外，其他图层都可以通过调整不透明度，让图像内容变得透明；还可以修改混合模式，让上下层图像产生特殊的混合效果。不透明度和混合模式可以反复调节，而不会损伤图像。

图层的主要功能是将当前图像组成关系清晰地显示出来，用户可以方便、快捷地对各图层进行编辑修改。

> 在编辑图层之前，首先需要在【图层】面板中单击该图层，将其选中，所选图层将成为当前图层。绘画以及色调调整只能在一个图层中进行，而移动、对齐、变换或应用【样式】面板中的样式等可以一次性处理所选的多个图层。

8.1.2　【图层】面板

在 Photoshop CC 下的【图层】面板中，用户可以单独对某个图层中的内容进行编辑，而不影响其他图层中的内容，不同的图层种类具有不同的功能。单击【窗口】菜单，在弹出的下拉菜单中选择【图层】命令，即可打开【图层】面板。下面介绍【图层】面板方面的知识，如图 8-1 所示。

- 设置图层混合模式 正常 ⇩：在该下拉列表框中可以设置图层的混合模式，如溶解、叠加、色相、差值等，设置与下方图层的混合方式。
- 【锁定透明像素】按钮⊠：将编辑范围限制在只针对图层的不透明部分。
- 【锁定图像像素】按钮✎：防止使用绘画工具修改图层的像素。
- 【锁定位置】按钮✛：防止图层的像素被移动。
- 【锁定全部】按钮🔒：锁定透明像素、图像像素和位置，处于这种状态下的图层将不能进行任何操作。
- 【不透明度】下拉列表框：可以设置当前图层的不透明度，数值从 0 至 100%。
- 【填充】下拉列表框：可以设置当前图层填充的不透明度，数值从 0 至 100%。

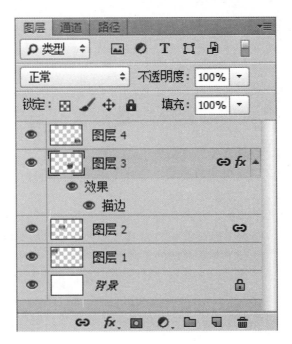

图 8-1

- 展开/折叠图层组▼：将图层编组后，在该图标中可以将图层组展开或折叠。
- 展开/折叠图层效果▲：单击该图标可以将当前图层的效果在图层下方显示，再次单击可以隐藏该图层的效果。
- 处于显示/隐藏状态的图层●/□：当该图标显示为眼睛形状时，表示当前图层处于可见状态；而显示空白图标时，则处于不可见状态。单击该图标可以在显示与隐藏之间进行切换。
- 图层锁定标志🔒：表明当前图层为锁定状态。
- 【链接图层】按钮🔗：在【图层】面板中选中准备链接的图层，单击该按钮可以将其链接起来。
- 【添加图层样式】按钮*fx*：选中准备设置的图层，单击该按钮，在弹出的下拉菜单中选择准备设置的图层样式，在弹出的【图层样式】对话框中可以设置图层的样式，如投影、内阴影、外发光和光泽等。
- 【添加图层蒙版】按钮▣：选中图层，单击该按钮可为其添加蒙版。
- 【创建新的填充或调整图层】按钮◑：选中图层，单击该按钮，在弹出的下拉菜单中选择准备调整的命令，如纯色、渐变、色阶、线等。
- 【创建新组】按钮▢：单击该按钮，可以在【图层】面板中创建新组。
- 【创建新图层】按钮🗔：单击该按钮可以创建一个透明图层。
- 【删除图层】按钮🗑：选中准备删除的图层，单击该按钮即可将当前选中的图层删除。

8.1.3 图层的类型

在 Photoshop 中可以创建多种类型的图层，它们都有各自的功能和用途，在【图层】面

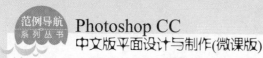

板中的显示状态也各不相同。下面详细介绍图层的类型。

- **中性色图层**：填充了中性色并预设了混合模式的特殊图层，可用于承载滤镜或在上面绘画。
- **链接图层**：保持链接状态的多个图层。
- **剪贴蒙版**：蒙版的一种，可使用一个图层中的图像控制它上面多个图层的显示范围。
- **智能对象**：包含有智能对象的图层。
- **调整图层**：可以调整图像的亮度、色彩平衡等，但不会改变像素值，而且可以重复编辑。
- **填充图层**：填充了纯色、渐变或图案的特殊图层。
- **图层蒙版图层**：添加了图层蒙版的图层，蒙版可以控制图像的显示范围。
- **矢量蒙版图层**：添加了矢量形状的蒙版图层。
- **图层样式**：添加了图层样式的图层，通过图层样式可以快速创建特效，如投影、发光和浮雕效果等。
- **图层组**：用来组织和管理图层，以便于查找和编辑图层，类似于 Windows 的文件夹。
- **变形文字图层**：进行了变形处理后的文字图层。
- **文字图层**：使用文字工具输入文字时创建的图层。
- **视频图层**：包含视频文件帧的图层。
- **3D 图层**：包含 3D 文件或置入的 3D 文件图层。
- **背景图层**：新建文档时创建的图层，它始终位于面板的最下层，名称为"背景"，且为斜体。

Section 8.2　新建图层和图层组

手机扫描下方二维码，观看本节视频课程

　　在 Photoshop CC 中，掌握图层基本原理方面的知识后，用户可以根据需要，创建不同类型的图层和图层组，也可以将图层移入或移出图层组，还能将背景图层与普通图层进行转换。本节将重点介绍创建图层和图层组方面的知识。

8.2.1　创建新图层

　　用户可以在【图层】面板中创建一个普通透明图层。下面详细介绍创建普通透明图层的方法。

step 1 打开一幅图像，在【图层】面板中单击【创建新图层】按钮 ◻，如图 8-2 所示。

step 2 此时可以看到面板中已经增加了一个图层。通过以上步骤即可完成创建新图层的操作，如图 8-3 所示。

图 8-2

图 8-3

如果要在当前图层的下一层新建一个图层，可以按住 Ctrl 键单击【创建新图层】按钮，但是背景图层永远处于【图层】面板的最下方，即使按住 Ctrl 键也不能在其下方新建图层。除了使用【图层】面板创建新图层外，还可以执行【图层】→【新建】→【图层】菜单命令来创建新图层。

8.2.2 创建图层组

在 Photoshop CC 中，用户可以将图层按照不同的类型存放在不同的图层组内，创建图层组的方法非常简单。下面介绍创建图层组的方法。

step 1 在【图层】面板中单击【创建新组】按钮，如图 8-4 所示。

step 2 此时可以看到面板中已经增加了一个名为"组 1"的图层组，如图 8-5 所示。

图 8-4

图 8-5

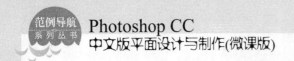
8.2.3 将图层移入或移出图层组

将图层移入或移出图层组的操作非常简单。在【图层】面板中，选中并拖动准备添加到图层组的图层至图层组上，即可添加图层到图层组，如图 8-6 和图 8-7 所示。

图 8-6

图 8-7

选中并拖动准备移出图层组的图层，即可将图层移出图层组，如图 8-8 和图 8-9 所示。

图 8-8

图 8-9

8.2.4 背景图层与普通图层的转换

在 Photoshop 中打开一张图片时，【图层】面板中通常只有背景图层，并且背景图层处于锁定、无法移动的状态。因此，如果要对背景图层进行操作，就需要将其转换为普通图层；同时也可以将普通图层转换成背景图层。下面详细介绍背景图层与普通图层相互转换的方法。

step 1 打开一幅图像,在【图层】面板中双击背景图层,如图8-10所示。

图 8-10

step 3 可以看到背景图层已经转换成名为"图层0"的普通图层,如图8-12所示。

图 8-12

 step 5 可以看到名为"图层0"的普通图层已经转换成背景图层,如图8-14所示。

step 2 弹出【新建图层】对话框,① 在【名称】文本框中输入名称,② 单击【确定】按钮,如图8-11所示。

图 8-11

step 4 选中"图层0",① 单击【图层】菜单,② 选择【新建】命令,③ 选择【图层背景】子命令,如图8-13所示。

图 8-13

图 8-14

Section 8.3 编辑图层

手机扫描下方二维码,观看本节视频课程

图层的编辑方法包括选择和取消选择图层、复制图层、编辑图层的名称、显示与隐藏图层、链接与取消链接图层、栅格化图层内容及删除图层等。本节将详细介绍编辑图层的操作方法。

第08章 图层及图层样式

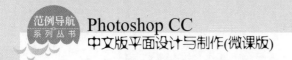

8.3.1 选择和取消选择图层

选择准备应用的图层，这样用户可以进行图像编辑操作，完成操作后可以取消选择图层。下面介绍选择和取消选择图层的方法。

1. 选择一个图层

单击【图层】面板中的一个图层即可选择该图层，它会成为当前图层，如图 8-15 所示。

2. 选择多个图层

如果要选择多个相邻的图层，可以单击第一个图层，然后按住 Shift 键单击最后一个图层，如图 8-16 所示；如果要选择多个不相邻的图层，可按住 Ctrl 键单击这些图层，如图 8-17 所示。

图 8-15

图 8-16

3. 选择所有图层

执行【选择】→【所有图层】菜单命令，可以选择【图层】面板中除背景图层外的所有图层，如图 8-18 所示。

图 8-17

图 8-18

4. 选择链接的图层

选择一个链接图层，执行【图层】→【选择链接图层】菜单命令，可以选择与之链接的所有图层，如图 8-19 和图 8-20 所示。

图 8-19

图 8-20

5. 取消选择图层

如果不想选择任何图层，可在面板下方的空白处单击，或者执行【选择】→【取消选择图层】菜单命令来取消选择，如图 8-21 和图 8-22 所示。

图 8-21

图 8-22

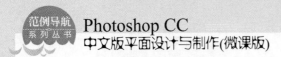
8.3.2　复制图层

在【图层】面板中，将需要复制的图层拖曳到【创建新图层】按钮上，即可复制该图层，如图 8-23 和图 8-24 所示，或者按 Ctrl+J 组合键也可以复制当前图层。

图 8-23

图 8-24

选择一个图层，执行【图层】→【复制图层】菜单命令，打开【复制图层】对话框，① 输入图层名称，② 单击【确定】按钮可以复制该图层，如图 8-25 和图 8-26 所示。

图 8-25

图 8-26

8.3.3　编辑图层的名称

在图层数量较多的文档中，可以为一些重要的图层设置容易识别的名称，或可以区别于其他图层的颜色，以便在操作中能够快速找到它们。

如果要修改一个图层的名称，可选择该图层，并执行【图层】→【重命名图层】菜单命令，或者直接双击该图层的名称，激活图层名称文本框，输入新名称，如图 8-27 所示，输入完成后按 Enter 键或单击【图层】面板空白处即可。

如果要修改图层的颜色，可以选择该图层，用鼠标右键单击该图层，在弹出的快捷菜单中选择颜色，如图 8-28 所示。

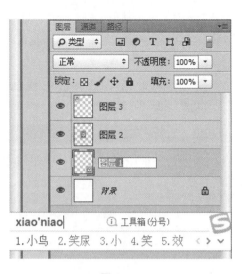

图 8-27

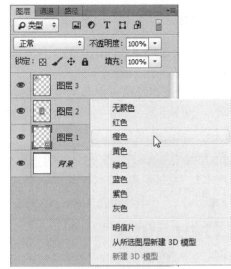

图 8-28

8.3.4 显示与隐藏图层

图层缩览图前面的眼睛图标 👁 用来控制图层的可见性，有该图标的图层为可见图层，无该图标的图层是隐藏图层。单击一个图层前面的眼睛图标，可以隐藏该图层，如果要重新显示图层，在原眼睛图标处单击即可，如图 8-29 和图 8-30 所示。

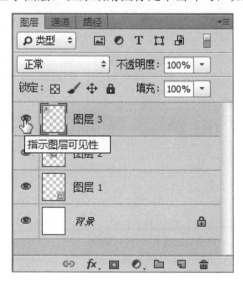

图 8-29

图 8-30

知识精讲

　　按住 Alt 键单击一个图层的眼睛图标，可以将除该图层外的其他所有图层都隐藏；按住 Alt 键再次单击同一眼睛图标，可恢复其他图层的可见性。执行【图层】→【隐藏图层】菜单命令，可以隐藏当前选择的图层，如果选择了多个图层，执行该命令则可以隐藏所有被选中的图层。

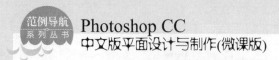
8.3.5 链接与取消链接图层

如果要同时处理多个图层中的图像，则可以将这些图层链接在一起再进行操作。

step 1 在【图层】面板中选择准备链接的两个图层，单击面板底部的【链接图层】按钮，如图 8-31 所示。

图 8-31

step 2 此时两个图层已经被链接，如图 8-32 所示。

图 8-32

step 3 选中任意一个被链接的图层，单击【链接图层】按钮，如图 8-33 所示。

. 图 8-33

step 4 即可取消链接，如图 8-34 所示。

图 8-34

8.3.6 栅格化图层内容

如果要使用绘画工具和滤镜编辑文字图层、形状图层、矢量蒙版或智能对象等包含矢量数据的图层，需要先将其栅格化，让图层中的内容转化为光栅图像，然后才能进行相应的编辑。执行【图层】→【栅格化】子菜单中的命令即可栅格化图层中的内容，如图 8-35所示。

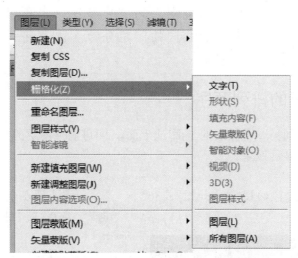

图 8-35

- 【文字】命令：栅格化文字图层，使文字变为光栅图像。文字图层栅格化以后，文字内容不能修改。
- 【形状】命令：可以栅格化形状图层。
- 【填充内容】命令：可以栅格化形状图层的填充内容，并基于形状创建矢量蒙版。
- 【矢量蒙版】命令：可以栅格化矢量蒙版，将其转换为图层蒙版。
- 【智能对象】命令：栅格化智能对象，使其转换为像素。
- 【视频】命令：栅格化视频图层，选定的图层将拼合到【时间轴】面板中选定的当前帧的复合中。
- 3D 命令：栅格化 3D 图层。
- 【图层样式】命令：栅格化图层样式，将其应用到图层内容中。
- 【图层】/【所有图层】命令：选择【图层】命令，可以栅格化当前选择的所有图层；选择【所有图层】命令，可以栅格化包含矢量数据、智能对象和生成的数据的所有图层。

8.3.7 删除图层

将需要删除的图层拖曳到【图层】面板中的【删除图层】按钮■上，即可删除该图层，或者执行【图层】→【删除】菜单命令也可以删除当前图层或面板中所有隐藏的图层。

Section
8.4

排列与分布图层

手机扫描下方二维码，观看本节视频课程

在【图层】面板中，图层是按照创建的先后顺序堆叠排列的，可以重新调整图层的堆叠顺序，也可以选择多个图层将其对齐，或者按照相同的间距分布。本节将详细介绍排列与分布图层的操作方法。

8.4.1 调整图层的排列顺序

将一个图层拖曳到另一个图层的下面(或上面)，即可调整图层的排列顺序，改变图层排列顺序会影响图像的显示效果。

 打开名为 1 的图像，如图 8-36 所示。

 在【图层】面板中单击并拖动"图层 0"至"图层 1"的下方，如图 8-37 所示。

图 8-36

 操作后的效果如图 8-38 所示。

图 8-37

图 8-38

用户还可以执行【图层】→【排列】子菜单中的命令，来达到排列图层的目的，如图 8-39 所示。

- 【置为顶层】命令：将所选图层调整为最顶层。
- 【前移一层】/【后移一层】命令：可以将所选图层向上或向下移动一个堆叠顺序。

- 【置为底层】命令：将所选图层调整到最底层。
- 【反向】命令：在【图层】面板中选择多个图层以后，执行该命令，可以反转它们的堆叠顺序。

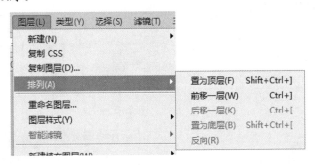

图 8-39

8.4.2 对齐图层

用户还可以将多个图层对齐，对齐图层的方法非常简单。下面详细介绍对齐图层的操作方法。

step 1　打开名为 2 的图像，如图 8-40 所示。

step 2　在【图层】面板中选中"图层 1"～"图层 4"，执行【图层】→【对齐】→【顶边】菜单命令，如图 8-41 所示。

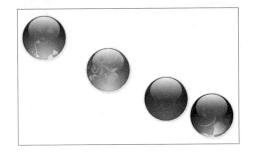

图 8-40

step 3　选中图层按顶边对齐，如图 8-42 所示。

图 8-41

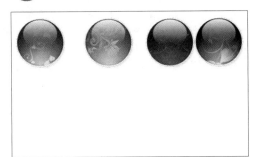

图 8-42

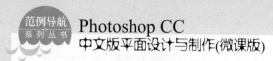
8.4.3 分布图层

如果要让 3 个或更多的图层采用一定的规律均匀分布，可以运用【分布】命令。下面详细介绍分布图层的操作方法。

 打开名为 2 的图像，如图 8-43 所示。

step 2 在【图层】面板中选中"图层 1"～"图层 4"，执行【图层】→【分布】→【垂直居中】菜单命令，如图 8-44 所示。

图 8-43

step 3 选中图层按垂直居中分布，如图 8-45 所示。

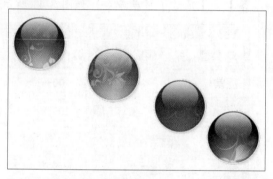

图 8-45

图 8-44

合并与盖印图层

手机扫描下方二维码，观看本节视频课程

图层、图层组合和图层样式会占用计算机的内存，导致计算机的处理速度变慢。如果将相同属性的图层合并则可以减小文件，释放内存空间。此外，对于复杂的图像文件，图层数量变少以后，既便于管理，也可以快速找到需要的图层。

8.5.1 合并图层

如果要合并两个或多个图层，可在【图层】面板中将它们选中，然后执行【图层】→【合并图层】菜单命令，合并后的图层使用上面图层的名称，如图 8-46 和图 8-47 所示。

图 8-46

图 8-47

8.5.2 向下合并图层

如果要将一个图层与它下面的图层合并，可以选择该图层，然后执行【图层】→【向下合并】菜单命令，或按 Ctrl+E 组合键。合并后的图层使用下面图层的名称，如图 8-48 和图 8-49 所示。

图 8-48

图 8-49

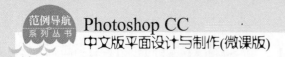
8.5.3 合并可见图层

如果要合并所有可见的图层，可以执行【图层】→【合并可见图层】菜单命令，或按
Ctrl+Shift+E 组合键，它们会合并到背景图层中，如图 8-50 和图 8-51 所示。

图 8-50

图 8-51

8.5.4 盖印图层

盖印是比较特殊的图层合并方法，它可以将多个图层中的图像内容合并到一个新的图
层中，同时保持其他图层完好无损。如果想要得到某些图层的合并效果，而又要保持原图
层完整时，盖印是最佳的解决方法。

● 向下盖印：选择一个图层，如图 8-52 所示，按 Ctrl+Alt+E 组合键，可以将该图层
中的图像盖印到下面的图层中，原图层保持不变，如图 8-53 所示。

图 8-52

图 8-53

● 盖印多个图层：选择多个图层，如图 8-54 所示，按 Ctrl+Alt+E 组合键，可以将它们盖印到一个新的图层中，原有图层的内容保持不变，如图 8-55 所示。

图 8-54

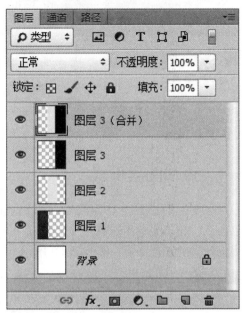

图 8-55

● 盖印可见图层：按 Shift+Ctrl+Alt+E 组合键，可以将所有可见图层中图像盖印到一个新图层中，原有图层的内容保持不变，如图 8-56 所示。

● 盖印图层组：选择图层组，如图 8-57 所示，按 Ctrl+Alt+E 组合键，可以将图层组中的所有图层内容盖印到一个新图层中，原图层保持不变，如图 8-58 所示。

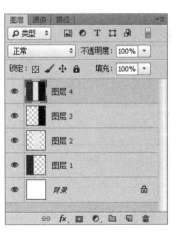

图 8-56

图 8-57

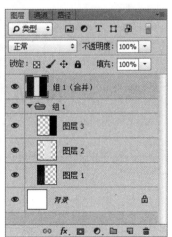

图 8-58

知识精讲

　　合并图层可以减少图层的数量，而盖印往往会增加图层的数量，盖印多用于合成图像，它可以保留原有图像。

Section 8.6 图层样式

手机扫描下方二维码，观看本节视频课程

图层样式也叫图层效果，它可以为图层中的图像添加诸如投影、发光、浮雕和描边等效果，创建具有真实质感的水晶、玻璃、金属和纹理等特效。图层样式可以随时修改、隐藏或删除，具有非常强的灵活性。

8.6.1　添加图层样式

如果要为图层添加图层样式，可以先选中这一图层，然后执行【图层】→【图层样式】菜单命令，在子菜单中选择一个效果命令，如图 8-59 所示，打开【图层样式】对话框，进入相应效果的设置面板，如图 8-60 所示。

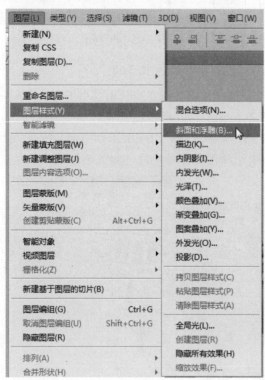

图 8-59

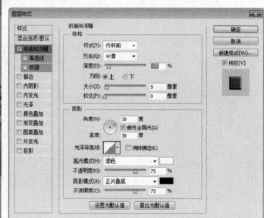

图 8-60

在【图层】面板中单击【添加图层样式】按钮 *fx.*，在弹出的下拉菜单中选择一个效果命令，可以打开【图层样式】对话框，并进入相应效果的设置面板；或者双击需要添加效果的图层，也可以打开【图层样式】对话框，在对话框左侧双击要添加的效果，即可切换到该效果面板。

8.6.2　显示与隐藏图层样式效果

在【图层】面板中，【效果】前的眼睛图标 👁 用来控制效果的可见性，如果要隐藏一个效果，可单击该【效果】名称前的眼睛图标 👁，再次单击眼睛图标 👁 即可显示样式效果，如图 8-61 和图 8-62 所示。

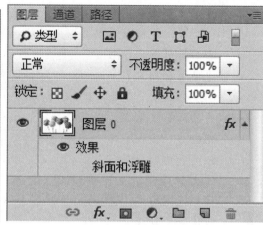

图 8-61　　　　　　　　　　　　　　　　图 8-62

8.6.3　投影和内阴影

【投影】效果可以为图层内容添加投影，使其产生立体感。图 8-63 所示为【投影】效果参数选项。

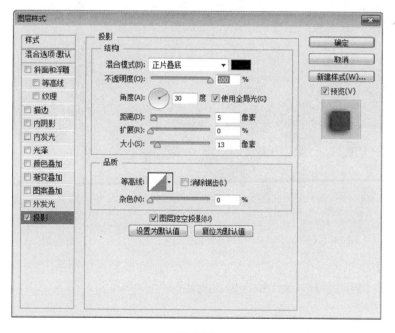

图 8-63

- 【混合模式】下拉列表框：用来设置投影与下面图层的混合模式，默认为【正片叠底】。

- 投影颜色：单击【混合模式】选项右侧的颜色块，可在打开的【拾色器】对话框中设置投影颜色。

- 【不透明度】文本框：拖曳滑块或输入数值可以调整投影的不透明度，该值越低，投影越淡。

- 【角度】文本框：用来设置投影应用于图层时的光照角度，可在文本框中输入合适数字，也可以拖曳圆形内的指针来调整。指针指向的方向为光源的方向，相反方向为投影的方向。

- 【使用全局光】复选框：可保持所有光照的角度一致，取消勾选时可以为不同的图层分别设置光照角度。

- 【距离】文本框：用来设置投影偏移图层内容的距离，该值越高，投影越远。将光标放在文档窗口，光标会变为移动工具，单击并拖曳鼠标可以直接调整投影的距离和角度。

- 【大小】/【扩展】文本框：【大小】文本框用来设置投影的模糊范围，该值越高，模糊范围越广；该值越小，投影越清晰。【扩展】文本框来设置投影的扩展范围，该值会受到【大小】值的影响。

- 【等高线】下拉按钮：使用等高线控制投影的形状。

- 【消除锯齿】复选框：混合等高线边缘的像素，使投影更加平滑。该复选框对于尺寸小且具有复杂等高线的投影最有用。

- 【杂色】文本框：可在投影中添加杂色。该值较高时，投影会变为点状。

- 【图层挖空投影】复选框：用来控制半透明图层中投影的可见性。勾选该复选框后，如果当前图层的填充不透明度小于100%，则半透明图层中的投影不可见。

图 8-64 所示为原图像，图 8-65 所示为添加投影后的图像。

图 8-64

图 8-65

【内阴影】效果可以在紧靠图层内容的边缘内添加阴影，使图层内容产生凹陷的效果，图 8-66 所示为【内阴影】效果参数选项。图 8-67 所示为原图，图 8-68 所示为添加了【内阴影】效果的图像。

【内阴影】与【投影】选项设置方式基本相同，不同之处在于：【投影】是通过【扩展】选项来控制投影边缘的渐变程度的；而【内阴影】则通过【阻塞】选项来控制。【阻塞】选项可以在模糊之前收缩内阴影的边界，【阻塞】与【大小】选项相关联，【大小】

值越高，可设置的【阻塞】范围也就越大。

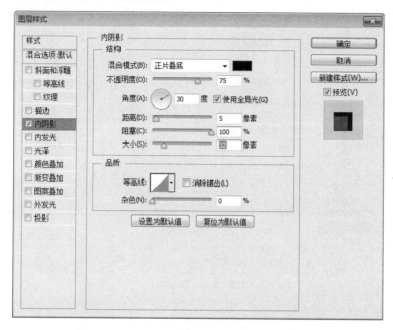

图 8-66

图 8-67

图 8-68

8.6.4　内发光和外发光

【外发光】效果可以沿图层内容的边缘向外创建发光效果，图 8-69 所示为【外发光】效果参数选项。

- 【混合模式】下拉列表框：用来设置发光效果与下面图层的混合方式。
- 【不透明度】文本框：用来设置发光效果的不透明度，该值越低，发光效果越弱。
- 【杂色】文本框：在发光效果中添加随机的杂色，使光晕呈现颗粒感。
- 发光颜色：【杂色】选项下面的颜色块和颜色条用来设置发光颜色。如果要创建单色发光，可单击左侧的颜色块，在打开的【拾色器】对话框中设置发光颜色；如

果要创建渐变发光,可单击右侧的渐变条,在打开的【渐变编辑器】对话框中设置渐变颜色。

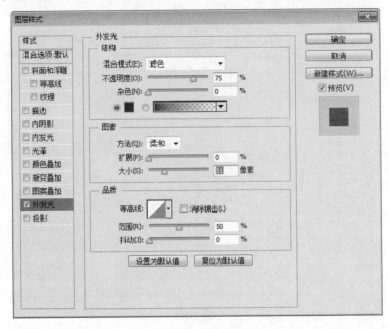

图 8-69

- 【方法】下拉列表框:用来设置发光的方法,以控制发光的准确程度。选择【柔和】选项可以对发光应用模糊,得到柔和的边缘;选择【精确】选项则得到精确的边缘。
- 【扩展】/【大小】文本框:【扩展】文本框用来设置发光范围的大小;【大小】文本框用来设置光晕范围的大小。

图 8-70 所示为原图,图 8-71 所示为添加了【外发光】效果的图像。

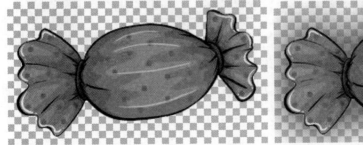

图 8-70

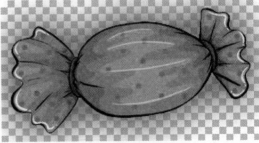

图 8-71

【内发光】效果可以沿图层内容的边缘向内创建发光效果,图 8-72 所示为【内发光】效果参数选项。

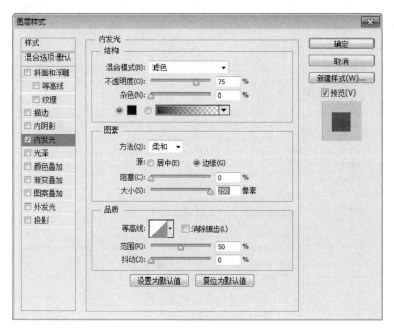

图 8-72

● 【源】选项组：用来控制发光光源的位置。选中【居中】单选按钮，表示应用从图层内容的中心发出的光，此时如果增加【大小】的值，发光效果会向图像的中央收缩；选中【边缘】单选按钮，表示应用从图层内容的内部边缘发出的光，此时如果增加【大小】的值，发光效果会向图像的中央扩展。

● 【阻塞】文本框：用来在模糊之前收缩内发光的杂边边界。

图 8-73 所示为原图，图 8-74 所示为添加了【内发光】效果的图像。

图 8-73

图 8-74

8.6.5　斜面和浮雕

【斜面和浮雕】效果可以对图层添加高光与阴影的各种组合效果，使图层内容呈现立体的浮雕效果。图 8-75 所示为【斜面和浮雕】效果参数选项。

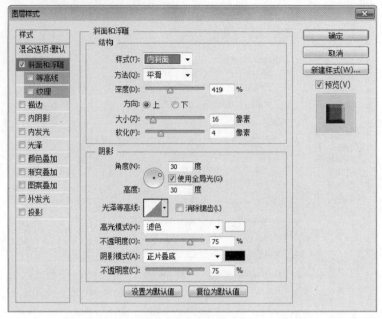

图 8-75

- 【样式】下拉列表框：在该下拉列表框中可以选择斜面和浮雕的样式。选择【外斜面】选项，可在图层内容的外侧边缘创建斜面；选择【内斜面】选项，可在图层内容的内侧边缘创建斜面；选择【浮雕效果】选项，可模拟使图层内容相对于下层图层呈浮雕状的效果；选择【枕状浮雕】选项，可模拟选中的图层内容压入下层图层中产生的效果；选择【描边浮雕】选项，可将浮雕应用于图层描边效果的边界。

- 【方法】下拉列表框：用来选择一种创建浮雕的方法。选择【平滑】选项，能够稍微模糊杂边的边缘，它可用于所有类型的杂边，不论其边缘是柔和还是清晰，该技术不保留大尺寸的细节特征；【雕刻清晰】选项使用距离测量技术，主要应用于消除锯齿形状的硬边杂边，它保留细节特征的能力优于【平滑】选项；【雕刻柔和】选项使用经过修改的距离测量技术，虽然不如【雕刻清晰】选项精确，但对较大范围的杂边更有用，它保留特征的能力优于【平滑】选项。

- 【深度】文本框：用来设置浮雕斜面的应用深度，该值越高，浮雕的立体感越强。

- 【方向】选项组：定位光源角度后，可通过该选项设置高光和阴影的位置。

- 【大小】文本框：用来设置斜面和浮雕中阴影面积的大小。

- 【软化】文本框：用来设置斜面和浮雕的柔和程度，该值越高，效果越柔和。

- 【角度】/【高度】文本框：【角度】文本框用来设置光源的照射角度，【高度】文本框用来设置光源的高度，需要调整这两个参数时，可以在相应的文本框中输入数值，也可以拖曳圆形图标内的指针来进行操作。如果勾选【使用全局光】复选框，则可以让所有浮雕样式的光照角度保持一致。

- 【光泽等高线】下拉按钮：可以选择一个等高线样式，为斜面和浮雕表面添加光泽，创建具有光泽感的金属外观浮雕效果。

- 【消除锯齿】复选框：可以消除由于设置了光泽等高线而产生的锯齿。
- 【高光模式】下拉列表框：用来设置高光的混合模式、颜色和不透明度。
- 【阴影模式】下拉列表框：用来设置阴影的混合模式、颜色和不透明度。

图 8-76 所示为原图，图 8-77 所示为添加了【斜面和浮雕】效果的图像。

图 8-76

图 8-77

8.6.6　渐变叠加

　　【渐变叠加】效果可以在图层上叠加指定的渐变颜色。图 8-78 所示为【渐变叠加】效果的参数选项。

图 8-78

图 8-79 所示为原图，图 8-80 所示为添加了【渐变叠加】效果的图像。

图 8-79

图 8-80

范例应用与上机操作

手机扫描下方二维码，观看本节视频课程

　　在本节的学习过程中，将侧重介绍和讲解与本章知识点有关的范例应用及技巧，主要包括制作彩虹字、制作立体字等内容。通过范例应用与上机操作帮助用户更好地掌握使用图层与图层样式的方法。

8.7.1 制作彩虹字

　　本小节根据前面学习的图层样式的知识来制作一个彩虹字案例。

素材文件❀ 第8章\素材文件\彩虹字.grd
效果文件❀ 第8章\效果文件\彩虹字.jpg

step 1　在 Photoshop CC 中创建一个文档，如图 8-81 所示。

图 8-81

step 3　输入文字内容，如图 8-83 所示。

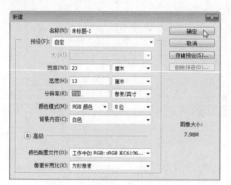

图 8-83

step 4　双击文字图层，打开【图层样式】对话框，双击【投影】选项，设置投影颜色为深蓝色(8、65、98)，并设置其他参数，如图 8-84 所示。

step 2　单击【横排文字工具】按钮 ，在【字符】面板中设置字体和大小，如图 8-82 所示。

图 8-82

step 5　双击【渐变叠加】选项，单击【点按可编辑渐变】下拉按钮，打开渐变下拉面板，在面板菜单中选择【渐入渐变】命令，如图 8-85 所示。

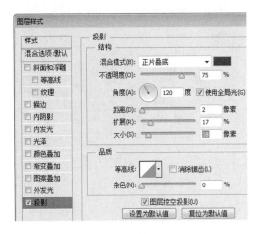

图 8-84

图 8-85

 step 6 在弹出的对话框中选择素材中的渐变库，如图 8-86 所示。

step 7 加载渐变后，选择渐变样式，设置其他参数，如图 8-87 所示。

图 8-86

step 8 添加【内阴影】效果，如图 8-88 所示。

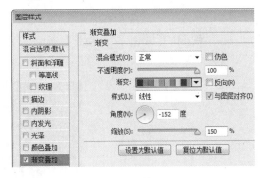

图 8-87

step 9 添加【内发光】效果，如图 8-89 所示。

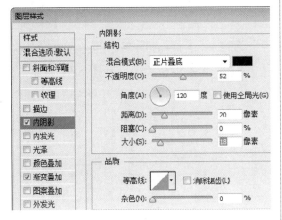

图 8-88

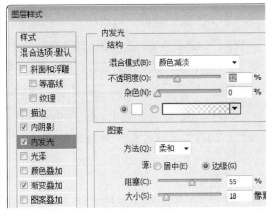

图 8-89

step 10 添加【斜面和浮雕】效果，如图 8-90 所示。

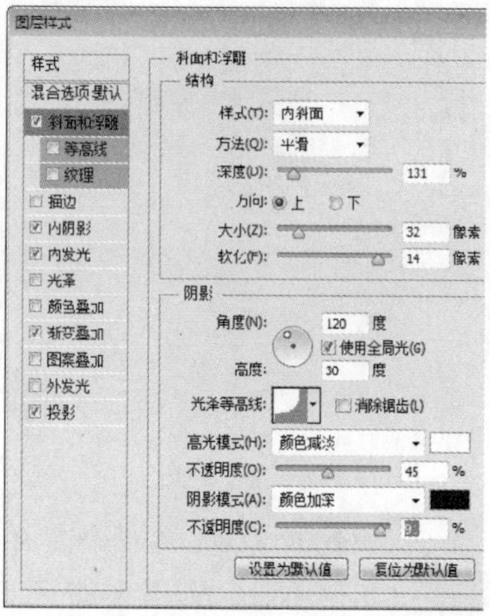

图 8-90

step 11 图像效果如图 8-91 所示。

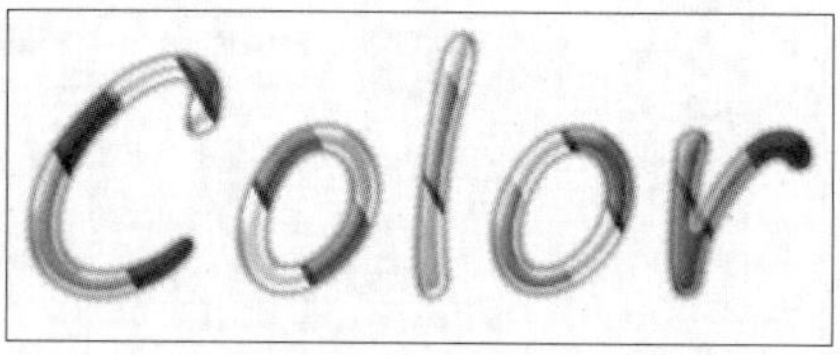

图 8-91

step 12 选择背景图层，单击【渐变工具】按钮，添加黑色到蓝色的径向渐变，如图 8-92 所示。

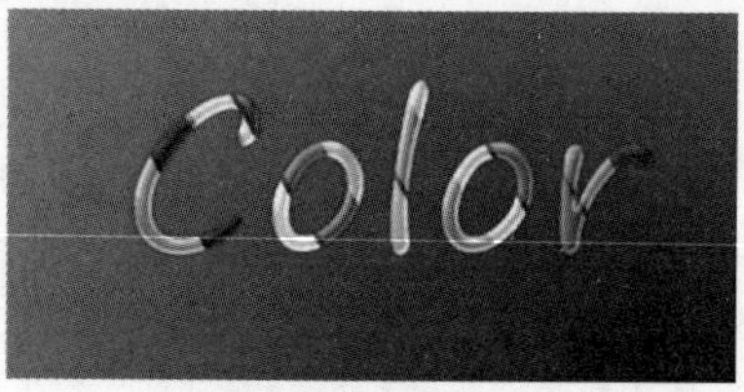

图 8-92

8.7.2 制作立体字

本小节根据前面学习的图层样式知识来制作一个立体字案例。

素材文件 第 8 章\素材文件\彩虹字.grd
效果文件 第 8 章\效果文件\立体字.jpg

step 1 创建一个 20 厘米×10 厘米、300 像素/英寸的文档，使用灰色(210、209、207)填充前景色，如图 8-93 所示。

图 8-93

step 2 使用横排文字工具输入文字，设置字体和大小，如图 8-94 所示。

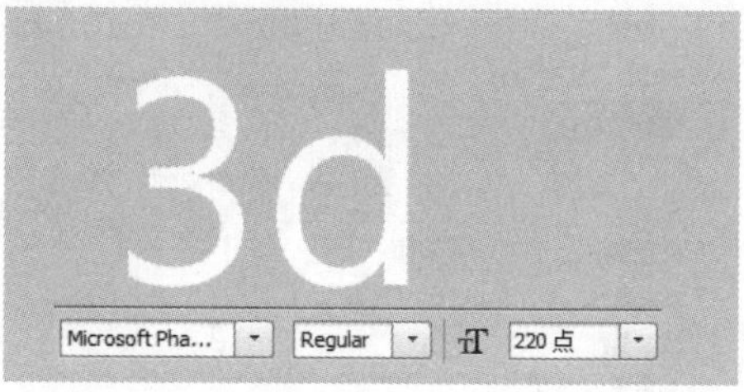

图 8-94

step 3　执行【图层】→【栅格化】→【文字】菜单命令，将文字图层栅格化，按住 Ctrl 键单击文字图层的缩览图，载入文字选区，如图 8-95 所示。

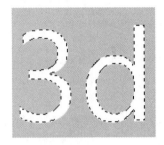

图 8-95

step 5　为选区填充白色，取消选区，按 Ctrl+T 组合键显示定界框，按住 Alt+Ctrl+Shift 组合键拖曳控制点对文字进行扭曲透视，如图 8-97 所示。

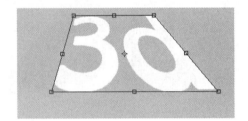

图 8-97

step 7　按住 Shift 键单击"3d 拷贝"图层，将当前图层与该图层中间的所有图层选中，按 Ctrl+E 组合键合并图层，将合并的图层移至 3d 图层的下方，如图 8-99 所示。

图 8-99

step 4　执行【选择】→【修改】→【扩展】菜单命令，打开【扩展选区】对话框，将选区向外扩展 20 像素，如图 8-96 所示。

图 8-96

step 6　按 Enter 键完成变换，选择移动工具，按住 Alt 键，然后连续按↓键 20 次，复制图层，如图 8-98 所示。

图 8-98

step 8　双击"3d 拷贝 21"图层，打开【图层样式】对话框，添加【颜色叠加】效果，如图 8-100 所示。

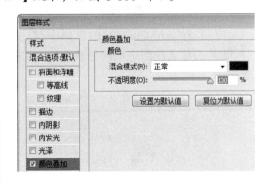

图 8-100

添加【内发光】效果,单击【确定】按钮,如图 8-101 所示。

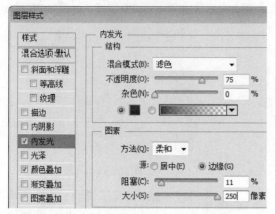

图 8-101

 添加【内发光】效果,如图 8-103 所示。

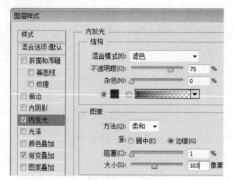

图 8-103

 按 Alt+Ctrl+Shift+E 组合键,将图像盖印到一个新图层中,如图 8-105 所示。

图 8-105

 双击 3d 图层,打开【图层样式】对话框,添加【渐变叠加】效果,如图 8-102 所示。

图 8-102

 单击背景图层的眼睛图标,填充背景图层,如图 8-104 所示。

图 8-104

 执行【滤镜】→【模糊】→【高斯模糊】菜单命令,对图像进行模糊,如图 8-106 所示。

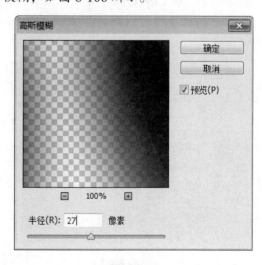

图 8-106

step15 将"图层1"移至背景图层上方，显示背景图层，设置"图层 1"的【不透明度】为46%，如图8-107所示。

step16 使用移动工具将图像向右下方拖曳，使它成为文字的投影，如图8-108所示。

图 8-107

图 8-108

Section 8.8 本章小结与课后练习

本节内容无视频课程

本章主要介绍了图层的基本原理、新建图层和图层组、编辑图层、排列与分布图层、合并与盖印图层、图层样式等内容。学习本章内容后，用户可以掌握使用图层和图层样式的方法，为进一步使用软件制作图像奠定了基础。

8.8.1 思考与练习

1. 填空题

(1) _____是填充了中性色并预设了混合模式的特殊图层，可用于承载滤镜或在上面绘画。

(2) _____是蒙版的一种，可使用一个图层中的图像控制它上面多个图层的显示范围。

2. 判断题

(1) 各个图层中的对象都可以单独处理，而不会影响其他图层中的内容，图层可以移动，也可以调整堆叠顺序。 （ ）

(2) 所有图层都可以通过调整不透明度，让图像内容变得透明；还可以修改混合模式，让上下层图像产生特殊的混合效果。 （ ）

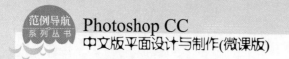

3. 思考题

(1) 如何合并图层?

(2) 如何对齐图层?

8.8.2　上机操作

(1) 通过本章的学习，读者基本可以掌握图层样式方面的知识，下面通过练习添加图层样式，以达到巩固与提高的目的。

(2) 通过本章的学习，读者基本可以掌握排列与分布图层方面的知识，下面通过练习分布图层，以达到巩固与提高的目的。

第 **9** 章

文字工具

本章主要介绍创建文字、创建段落文字、变形文字方面的知识与技巧，同时还讲解如何编辑文本。通过本章的学习，读者可以掌握使用文字工具的知识，为深入学习 Photoshop CC 知识奠定基础。

本 章 要 点

1. 创建文字
2. 创建段落文字
3. 变形文字
4. 路径文字
5. 编辑文本

　　Photoshop 中的文字工具组由基于矢量的文字轮廓组成，文字工具组不只应用于排版方面，在平面设计与图像编辑中也占有非常重要的地位。本节将详细介绍使用文字工具组创建文字方面的知识。

9.1.1　创建横排文字

　　下面介绍使用横排文字工具创建横排文字的方法。

step 1　打开名为 1 的图像，单击【横排文字工具】按钮 T，在工具选项栏中设置字体、大小和颜色，定位光标，如图 9-1 所示。

step 2　输入内容，单击移动工具，移动文字至适当位置，如图 9-2 所示。

图 9-2

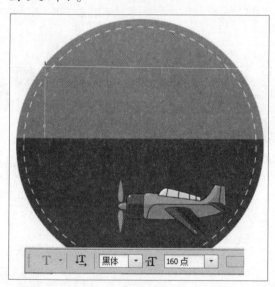

图 9-1

　　在输入完成后，单击其他工具按钮、按数字键盘中的 Enter 键、按 Ctrl+Enter 组合键也可以结束文字的输入操作。

9.1.2　创建直排文字

　　下面介绍使用直排文字工具创建直排文字的方法。

打开名为 1 的图像，单击【直排文字工具】按钮 ，在工具选项栏中设置字体、大小和颜色，定位光标，如图 9-3 所示。

 输入内容，单击移动工具，移动文字至适当位置，如图 9-4 所示。

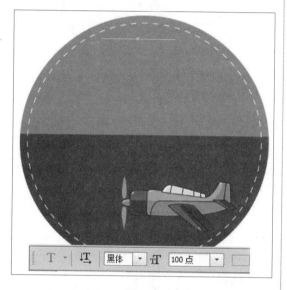

图 9-3

图 9-4

Section 9.2 段落文字

手机扫描下方二维码，观看本节视频课程

段落文字是在定界框内输入的文字，它具有可自动换行、可调整文字区域大小等优势，在需要处理文字量较大的文本，如宣传手册时，可以使用段落文字来完成。本节将详细介绍创建与设置段落文字的方法。

9.2.1　创建段落文字

在 Photoshop CC 的定界框中输入段落文字时，系统提供了自动换行和可调文字区域大小等功能。

 打开名为 2 的图像，在工具选项栏中设置字体、字号和颜色，在图像中单击并向右下方拖动鼠标，绘制定界框，如图 9-5 所示。

 在定界框内输入内容，即可完成创建段落文字的操作，如图 9-6 所示。

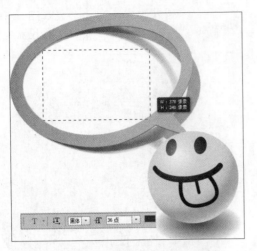

图 9-5

图 9-6

9.2.2　设置段落的对齐与缩进方式

在 Photoshop CC 中，用户使用【段落】面板可以对文字的段落属性进行设置，如调整对齐方式和缩进量等，使其更加美观。下面介绍设置段落对齐与缩进的方法。

 打开名为 3 的图像，在【图层】面板中选中段落文字图层，如图 9-7 所示。

 此时段落文字的对齐与缩进已经改变，如图 9-9 所示。

图 9-7

图 9-9

step 2 ① 在【段落】面板中单击【最后一行居中对齐】按钮，② 设置【右缩进】参数，如图 9-8 所示。

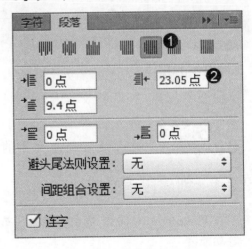

图 9-8

9.2.3 设置段落的行距

用户还可以调整段落文字的行距，下面介绍设置段落文字行距的方法。

 打开名为 4 的图像，在【图层】面板中选中段落文字图层，如图 9-10 所示。

君不见黄河之水天上来，奔流到海不复回。君不见高堂明镜悲白发，朝如青丝暮成雪。人生得意须尽欢，莫使金樽空对月。天生我材必有用，千金散尽还复来。烹羊宰牛且为乐，会须一饮三百杯。岑夫子，丹丘生，将进酒，杯莫停。与君歌一曲，请君为我倾耳听。钟鼓馔玉不足贵，但愿长醉不愿醒。古来圣贤皆寂寞，惟有饮者留其名。陈王昔时宴平乐，斗酒十千恣欢谑。主人何为言少钱，径须沽取对君酌。五花马、千金裘，呼儿将出换美酒，与尔同销万古愁。

图 9-10

 此时段落文字的行距已经更改，如图 9-12 所示。

君不见黄河之水天上来，奔流到海不复回。君不见高堂明镜悲白发，朝如青丝暮成雪。人生得意须尽欢，莫使金樽空对月。天生我材必有用，千金散尽还复来。烹羊宰牛且为乐，会须一饮三百杯。岑夫子，丹丘生，将进酒，杯莫停。与君歌一曲，请君为我倾耳听。钟鼓馔玉不足贵，但愿长醉不愿醒。古来圣贤皆寂寞，惟有饮者留其名。陈王昔时宴平乐，斗酒十千恣欢谑。主人何为言少钱，径须沽取对君酌。五花马、千金裘，呼儿将出换美酒，与尔同销万古愁。

图 9-12

 在【字符】面板中设置【行距】参数，如图 9-11 所示。

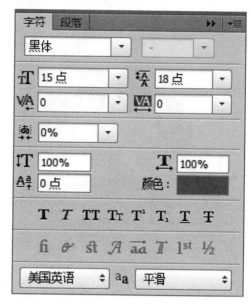

图 9-11

Section 9.3 变形文字

手机扫描下方二维码，观看本节视频课程

在 Photoshop CC 中，文字对象可以进行一系列内置的变形操作，通过这些变形操作可以在不改变文字图层的状态下制作出多种变形文字。本节将详细介绍制作与编辑变形文字的具体方法。

9.3.1 创建变形文字

在 Photoshop CC 中，用户可以对创建的文字进行处理，从而得到变形文字，如拱形、波浪形和鱼形等。下面重点介绍创建变形文字的方法。

step 1　打开名为 5 的图像，如图 9-13 所示。

图 9-13

step 3　双击"off"文字图层，打开【图层样式】对话框，添加【描边】效果，如图 9-15 所示。

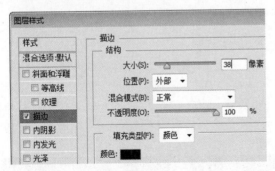

图 9-15

step 5　选中"liners"文字图层，执行【类型】→【文字变形】菜单命令，打开【变形文字】对话框，① 在【样式】下拉列表框中选择【膨胀】选项，② 设置参数，③ 单击【确定】按钮，如图 9-17 所示。

step 2　在【图层】面板中选择"off"文字图层，执行【类型】→【文字变形】菜单命令，打开【变形文字】对话框，① 在【样式】下拉列表框中选择【扇形】选项，② 设置参数，③ 单击【确定】按钮，如图 9-14 所示。

图 9-14

step 4　图像效果如图 9-16 所示。

图 9-16

step 6　图像效果如图 9-18 所示。

图 9-17

图 9-18

9.3.2 编辑变形文字选项

【变形文字】对话框中的选项用于设置变形参数，包括文字的变形样式和变形程度。

- 【样式】下拉列表框：在该下拉列表框中可以选择 15 种变形样式。
- 【水平】/【垂直】单选按钮：选中【水平】单选按钮，文本扭曲的方向为水平方向；选中【垂直】单选按钮，文本扭曲的方向为垂直方向。
- 【弯曲】文本框：用来设置文本的弯曲程度。
- 【水平扭曲】/【垂直扭曲】文本框：可以让文本产生透视扭曲效果。

Section 9.4 路径文字

手机扫描下方二维码，观看本节视频课程

路径文字是指创建在路径上的文字，文字会沿着路径排列，文字的排列方式也会随之改变。用于排列文字的路径既可以是闭合式的，也可以是开放式的。Adobe 在 Photoshop 中增加了路径文字功能后，文字的处理方式变得更加灵活。

9.4.1 沿路径排列文字

在 Photoshop CC 中，创建完路径后用户可以沿路径输入排列文字。下面介绍输入沿路径排列文字的方法。

step 1 打开名为 6 的图像，单击【钢笔工具】按钮，在工具选项栏中选择【路径】选项，沿手的轮廓绘制一条路径，如图 9-19 所示。

step 2 单击【横排文字工具】按钮，在工具选项栏中设置字体、大小和颜色，在路径上定位光标，使用输入法输入内容，如图 9-20 所示。

第9章 文字工具

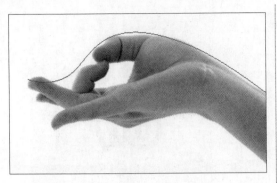

图 9-20

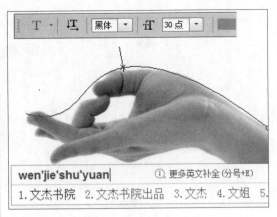

图 9-19

 完成输入，效果如图 9-21 所示。

 考考您

请您根据上述方法创建一个路径文字，测试一下您的学习效果。

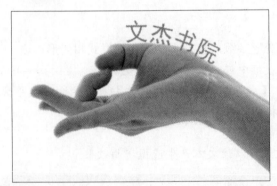

图 9-21

9.4.2 移动与翻转路径文字

在【图层】面板中选择路径文字图层，使用直接选择工具 或路径选择工具 ，将光标定位到文字上，单击并沿路径拖动鼠标可以移动文字，如图 9-22 所示；单击并向路径的另一侧拖动文字，可以翻转文字，如图 9-23 所示。

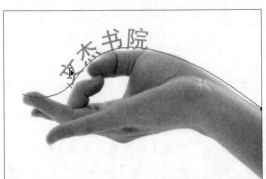

图 9-22

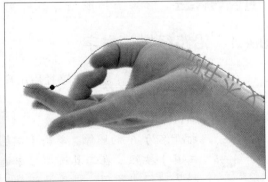

图 9-23

9.4.3 编辑文字路径

使用直接选择工具 单击路径，显示锚点，如图 9-24 所示，移动锚点或者调整方向线修改路径的形状，文字会沿着修改后的路径重新排列，如图 9-25 所示。

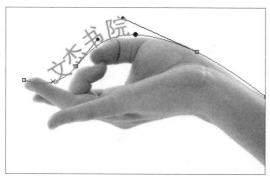

图 9-24

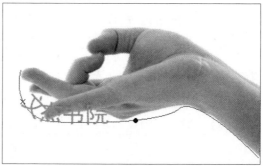

图 9-25

Section 9.5　编辑文本

手机扫描下方二维码，观看本节视频课程

在 Photoshop 中，除了可以在【字符】和【段落】面板中编辑文本外，还可以通过命令编辑文字，如将文字转换为形状、切换文字方向、查找和替换文本、将文字转换为路径等。本节将介绍编辑文本的相关内容。

9.5.1 将文字转换为形状

选择文字图层，如图 9-26 所示，执行【类型】→【转换为形状】菜单命令，可以将它转换为具有矢量蒙版的形状图层，如图 9-27 所示。

图 9-26

图 9-27

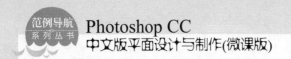
9.5.2 切换文字方向

在 Photoshop CC 中，用户可以根据绘制图像的需要，对创建文字的方向进行切换。下面介绍切换文字方向的方法。

 打开名为 7 的图像，单击【横排文字工具】按钮 **T**，将光标定位在文字中，在工具选项栏中单击 **IT** 按钮，如图 9-28 所示。

图 9-28

 此时文字方向已经变为竖排，如图 9-29 所示。

图 9-29

9.5.3 查找和替换文本

执行【编辑】→【查找和替换文本】菜单命令，可以查找当前文本中需要修改的文字、单词、标点或字符，并将其替换为指定的内容，图 9-30 所示为【查找和替换文本】对话框，在【查找内容】文本框内输入要替换的内容，在【更改为】文本框内输入用来替换的内容，然后单击【查找下一个】按钮，Photoshop 会搜索并突出显示查找的内容。如果要替换内容，可以单击【更改】按钮；如果要替换所有符合要求的内容，可以单击【更改全部】按钮。需要注意的是，已经栅格化的文字不能进行查找和替换操作。

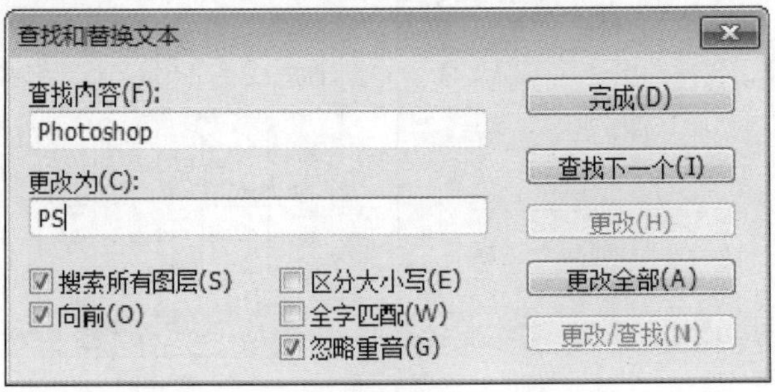

图 9-30

9.5.4　将文字转换为路径

　　用户还可以根据需要将文字转换为路径，将文字图层转换为路径的方法非常简单。下面详细介绍将文字转换为路径的方法。

 打开名为 7 的图像，如图 9-31 所示。

图 9-31

 通过以上步骤即可完成将文字转换为路径的操作，如图 9-33 所示。

图 9-33

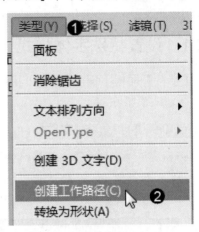

图 9-32

9.5.5　将文字图层转换为普通图层

　　Photoshop 中的文字图层不能直接应用滤镜或进行涂抹、绘制等变换操作，若要对文本应用这些滤镜或变换时，就需要将其转换为普通图层，使矢量文字对象变成像素图像。用鼠标右键单击文字图层，在弹出的快捷菜单中选择【栅格化文字】命令，即可将文字图层转换为普通图层，如图 9-34 和图 9-35 所示。

图 9-34

图 9-35

在本节的学习过程中，将侧重介绍和讲解与本章知识点有关的范例应用及技巧，主要包括设置特殊字体样式、转换点文本与段落文本、替换所有欠缺字体等内容。通过范例应用与上机操作帮助用户更好地掌握使用文字工具的方法。

9.6.1　设置特殊字体样式

【字符】面板下面的一排 T 状按钮用来创建仿粗体、斜体等文字样式，以及为字符添加上/下划线或删除线。

素材文件 第9章\素材文件\8.jpg
效果文件 第9章\效果文件\8.jpg

 打开名为 8 的图像，如图 9-36 所示。

图 9-36

 输入内容，如图 9-38 所示。

图 9-38

 单击【横排文字工具】按钮，设置字体、大小和颜色，如图 9-37 所示。

图 9-37

 选中$符号，单击【字符】面板中的【上标】按钮 T，如图 9-39 所示。

图 9-39

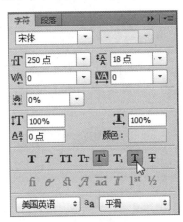

step 5 选中最后两个数字 0，单击【字符】面板中的【上标】按钮，再单击【下划线】按钮，如图 9-40 所示。

图 9-40

step 7 双击文字图层，打开【图层样式】对话框，添加【描边】效果，如图 9-42 所示。

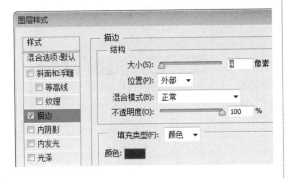

图 9-42

step 9 图像效果如图 9-44 所示。

图 9-44

step 6 按 Ctrl+Enter 组合键结束编辑，效果如图 9-41 所示。

图 9-41

step 8 双击文字图层，打开【图层样式】对话框，添加【外发光】效果，如图 9-43 所示。

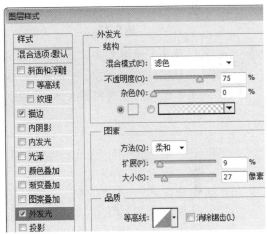

图 9-43

第9章 文字工具

217

9.6.2 转换点文本与段落文本

点文本与段落文本可以互相转换。下面介绍转换点文本与段落文本的方法。

素材文件 第 9 章\素材文件\9.jpg
效果文件 第 9 章\效果文件\9.jpg

step 1 打开名为 9 的图像，可以看到图像中的文字为点文字，在【图层】面板中选择文字图层，如图 9-45 所示。

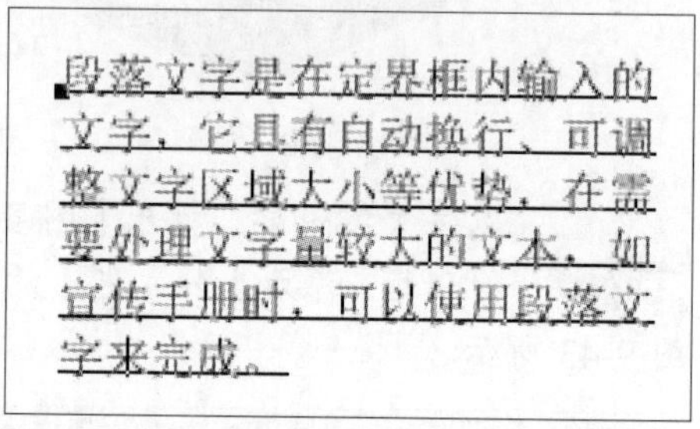
段落文字是在定界框内输入的文字，它具有自动换行、可调整文字区域大小等优势，在需要处理文字量较大的文本，如宣传手册时，可以使用段落文字来完成。

图 9-45

step 3 单击【横排文字工具】按钮，将光标定位在文字中，可以看到出现定界框，点文本已经转换为段落文本，如图 9-47 所示。

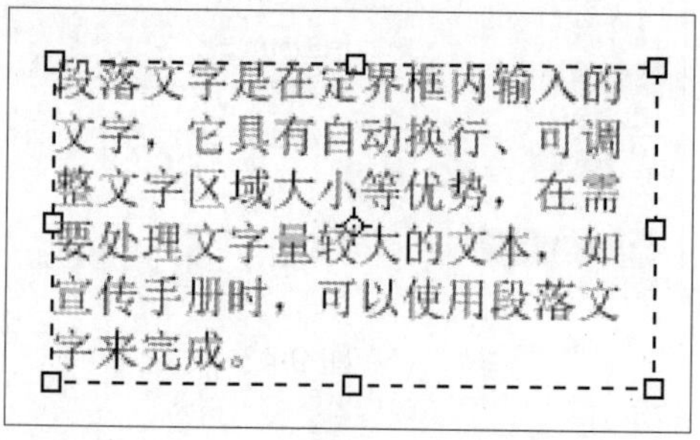
段落文字是在定界框内输入的文字，它具有自动换行、可调整文字区域大小等优势，在需要处理文字量较大的文本，如宣传手册时，可以使用段落文字来完成。

图 9-47

step 2 ① 单击【类型】菜单，② 选择【转换为段落文本】命令，如图 9-46 所示。

类型(Y)
选择(S)
滤镜(T)
面板
消除锯齿
文本排列方向
OpenType
创建 3D 文字(D)
创建工作路径(C)
转换为形状(A)
栅格化文字图层(R)
转换为段落文本(P)
文字变形(W)...

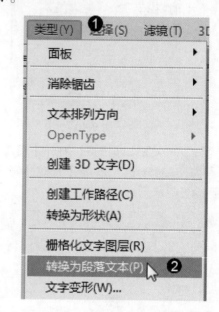

图 9-46

9.6.3 替换所有欠缺字体

打开文件时，如果该文档中的文字使用了系统中没有的字体，会弹出一条警告信息，指明缺少那些字体，出现这种情况时，可以用字库中有的字体替换所缺字体。下面详细介绍替换所欠缺字体的操作方法。

素材文件 第 9 章\素材文件\5.jpg
效果文件 无

打开名为 5 的图像，如图 9-48 所示。

 ① 单击【类型】菜单，② 选择【替换所有欠缺字体】命令，如图 9-49 所示。

图 9-48

 图像中的字体已经被替换，如图 9-50 所示。

图 9-50

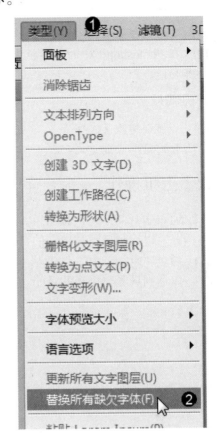

图 9-49

Section 9.7　本章小结与课后练习

本节内容无视频课程

　　本章主要介绍了创建横排和直排文字、创建段落文字、创建变形文字、编辑文本等内容。学习本章内容后，用户可以掌握使用文字工具的方法，为进一步使用 Photoshop 软件制作图像奠定了基础。

9.7.1　思考与练习

1. 填空题

　　(1) 段落文字是在定界框内输入的文字，它具有_____、可调整文字区域大小等优势。

(2) _____是指创建在路径上的文字，文字会沿着路径排列，文字的排列方式也会随之改变。

2. 判断题

(1) 变形文字共有16种变形样式。　　　　　　　　　　　　　　　　　　　　(　　)

(2) 在 Photoshop CC 的定界框中输入段落文字时，系统提供了自动换行和可调文字区域大小等功能。　　　　　　　　　　　　　　　　　　　　　　　　　　(　　)

3. 思考题

(1) 如何创建段落文字？

(2) 如何沿路径创建文字？

9.7.2　上机操作

(1) 通过本章的学习，读者基本可以掌握创建文字方面的知识，下面通过练习设置特殊字体样式，以达到巩固与提高的目的。

(2) 通过本章的学习，读者基本可以掌握创建文字方面的知识，下面通过练习创建直排文字，以达到巩固与提高的目的。

第 **10** 章

通道与蒙版

本章主要介绍什么是通道、通道的基本操作、什么是蒙版、图层蒙版、矢量蒙版、剪贴蒙版方面的知识与技巧，同时讲解如何创建快速蒙版。通过本章的学习，读者可以掌握通道与蒙版方面的知识，为深入学习 Photoshop CC 知识奠定基础。

本 章 要 点

1. 通道概述
2. 通道的基本操作
3. 蒙版概述
4. 图层蒙版
5. 矢量蒙版
6. 剪贴蒙版
7. 快速蒙版

Section
10.1　　**通道概述**

手机扫描下方二维码，观看本节视频课程

通道是 Photoshop 的高级功能，它与图像内容、色彩和选区有关。Photoshop CC 的通道有多重用途，可以显示图像的分色信息、存储图像的选区范围和记录图像的特殊色信息。本节将详细介绍通道的基础知识。

10.1.1　通道的基本原理及功能

通道是用于存储图像颜色信息和选区信息等不同类型信息的灰度图像。一幅图像最多可有 56 个通道。

通道的一个主要功能就是保存图像的颜色信息；另一个常用功能就是用来存放和编辑选区，也就是 Alpha 通道的功能，当选区范围被保存后，就会自动成为蒙版保存在新增的通道中，该通道会自动被命名为 Alpha。

通道可以存储选区，便于更精确地抠取图像。利用通道可以完成图像色彩的调整和特殊效果的制作，灵活地使用通道可以自由地调整图像的色彩信息，为印刷制版、制作分色片提供方便。

10.1.2　通道的种类

通道主要包括颜色通道、Alpha 通道和专色通道。

1. 颜色通道

颜色通道是在打开新图像时自动创建的通道，它记录了图像的颜色信息。图像的颜色模式不同，颜色通道的数量也不相同。RGB 图像中包含红、绿、蓝通道和一个用于编辑图像的复合通道；CMYK 图像包含青色、洋红、黄色、黑色通道和一个复合通道；Lab 图像包含明度、a、b 通道和一个复合通道；位图、灰度、双色调和索引颜色图像都只有一个通道。

2. Alpha 通道

Alpha 通道是一个 8 位的灰度通道，该通道用 256 级灰度来记录图像中的透明度信息，定义透明、不透明和半透明区域。Alpha 通道有 3 种用途：一是用于保存选区；二是可以将选区存储为灰度图像，这样就能够用画笔、加深、减淡等工具以及各种滤镜，通过编辑 Alpha 通道来修改选区；三是 Alpha 通道中可以载入选区。Alpha 通道与颜色通道不同，它不会直接影响图像的颜色。

在 Alpha 通道中，默认情况下，白色代表选区，黑色代表非选区，灰色代表被部分选择的区域状态，即羽化的区域。用白色涂抹 Alpha 通道可以扩大选区，用黑色涂抹则收缩选区，用灰色涂抹可以增加羽化范围。

3. 专色通道

专色通道用来存储印刷用的专色。专色是特殊的预混油墨，如金属金银色油墨、荧光油墨等，它们用于替代或补充普通的印刷色油墨。通常情况下，专色通道都是以专色的名称来命名的。每个专色通道都有属于自己的印版，在对一幅含有专色通道的图像进行印刷输出时，专色通道会作为一个单独的页被打印出来。

10.1.3　认识【通道】面板

在 Photoshop CC 中，使用通道编辑图像之前，用户首先要对【通道】面板的组成有所了解。下面详细介绍【通道】面板组成方面的知识，如图 10-1 所示。

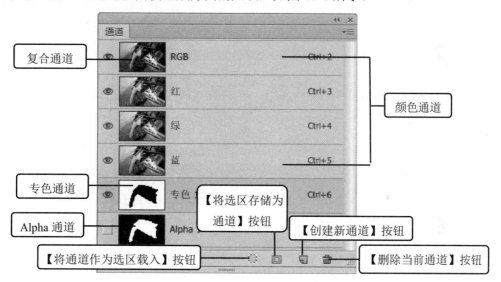

图 10-1

- 复合通道：在复合通道下，用户可以同时预览和编辑所有颜色通道。
- 颜色通道：用于记录图像颜色信息的通道。
- 专色通道：用于保存专色油墨的通道。
- Alpha 通道：用于保存选区的通道。
- 【将通道作为选区载入】按钮：单击该按钮，用户可以载入所选通道中的选区。
- 【将选区存储为通道】按钮：单击该按钮，用户可以将图像中的选区保存在通道内。
- 【创建新通道】按钮：单击该按钮，用户可以新建 Alpha 通道。
- 【删除当前通道】按钮：用于删除当前选择的通道，复合通道不能删除。

第二□章　通道与蒙版

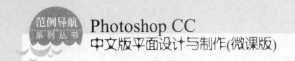

Section 10.2 通道的基本操作

手机扫描下方二维码，观看本节视频课程

在 Photoshop CC 中，掌握通道的基本原理与基础知识后，用户就可以对通道进行操作，包括创建 Alpha 通道、快速选择通道、显示与隐藏通道、合并与分离通道、新建专色通道以及用通道调整颜色等内容。

10.2.1 创建 Alpha 通道

打开一幅图像，在【通道】面板中单击【创建新通道】按钮，即可创建一个 Alpha 通道，如图 10-2 和图 10-3 所示。

图 10-2

图 10-3

10.2.2 快速选择通道

在【通道】面板中可以选择一个或多个通道。单击需要选择的通道，即可选择该通道，选取的通道以蓝色反白显示，如图 10-4 所示。如果要选择多个通道，按住 Shift 键单击需要选择的通道即可，如图 10-5 所示。

图 10-4

图 10-5

10.2.3　显示与隐藏通道

在【通道】面板中，当通道为可见状态时，该通道左侧会出现一个眼睛图标 ，单击该图标，可以切换通道的显示与隐藏状态，如图10-6所示。

单击【通道】面板中的复合通道，可以显示所有默认颜色信息通道，当显示所有默认的颜色信息通道时，复合通道也会显示，如图10-7所示。

图 10-6

图 10-7

10.2.4　合并与分离通道

【分离通道】命令可以将通道分离成为单独的灰度图像，其标题栏中的文件名为原文件的名称加上该通道的名称缩写，而原文件则被关闭。当需要在不能保留通道的文件格式中保留单个通道信息时，分离通道是非常有用的。

 打开名为 1 的图像，如图 10-8 所示。

图 10-8

 通过以上步骤即可完成分离通道的操作，如图 10-10 所示。

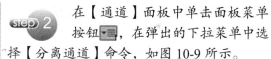 在【通道】面板中单击面板菜单按钮 ，在弹出的下拉菜单中选择【分离通道】命令，如图10-9所示。

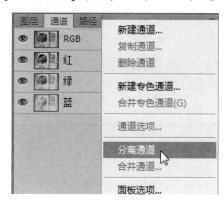

图 10-9

 选中刚刚分离的通道，单击面板菜单按钮 ，在弹出的下拉菜单中选择【合并通道】命令，如图10-11所示。

图 10-10

step 5 弹出【合并通道】对话框，① 设置参数，② 单击【确定】按钮，如图 10-12 所示。

图 10-12

step 7 进入下一步界面，单击【下一步】按钮，如图 10-14 所示。

图 10-14

step 9 通过以上步骤即可完成合并通道的操作，如图 10-16 所示。

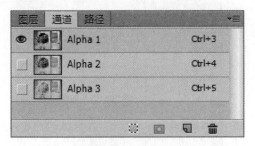

图 10-16

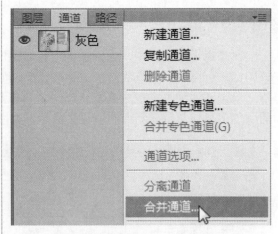

图 10-11

step 6 弹出【合并多通道】对话框，单击【下一步】按钮，如图 10-13 所示。

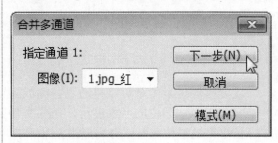

图 10-13

step 8 进入下一步界面，单击【确定】按钮，如图 10-15 所示。

图 10-15

10.2.5 新建专色通道

新建专色通道的方法非常简单，下面详细介绍新建专色通道的操作方法。

打开名为2的图像素材,如图10-17所示。

 在【通道】面板中按住 Ctrl 键单击【创建新通道】按钮,如图 10-18 所示。

图 10-18

 通过以上步骤即可完成新建专色通道的操作,如图10-20所示。

图 10-17

 弹出【新建专色通道】对话框,①设置参数,② 单击【确定】按钮,如图 10-19 所示。

图 10-19

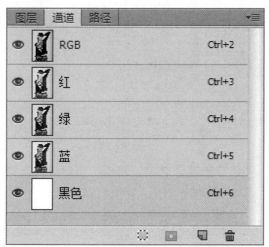

图 10-20

10.2.6 用通道调整颜色

通道调色是一种高级调色技术,可以对一张图像的单个通道应用各种调色命令,从而达到调整图像中单种色调的目的。

打开一幅图像,单独选择"红"通道,按 Ctrl+M 组合键打开【曲线】对话框,将曲线向上调节,可以增加图像中的红色数量,如图 10-21 和图 10-22 所示;将曲线向下调节,则可以减少图像中的红色数量,如图 10-23 和图 10-24 所示。

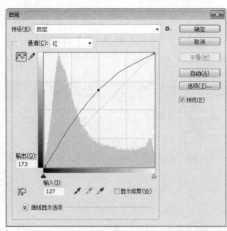

图 10-21

图 10-22

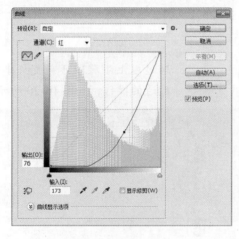

图 10-23

图 10-24

单独选择"绿"通道,将曲线向上调节,可以增加图像中的绿色数量,如图 10-25 和图 10-26 所示。

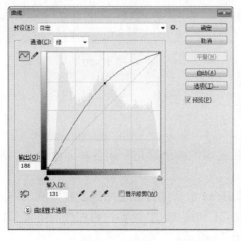

图 10-25

图 10-26

将曲线向下调节，则可以减少图像中的绿色数量，如图 10-27 和图 10-28 所示。

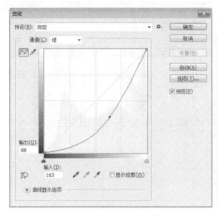

图 10-27　　　　　　　　　　　　　　　图 10-28

单独选择"蓝"通道，将曲线向上调节，可以增加图像中的蓝色数量，如图 10-29 和图 10-30 所示。

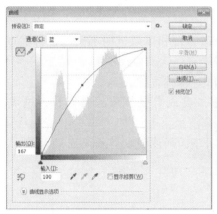

图 10-29　　　　　　　　　　　　　　　图 10-30

将曲线向下调节，则可以减少图像中的蓝色数量，如图 10-31 和图 10-32 所示。

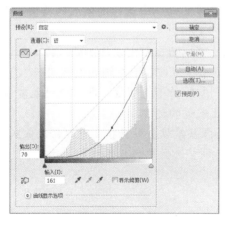

图 10-31　　　　　　　　　　　　　　　图 10-32

　　蒙版原本是摄影术语，是指用于控制照片不同区域曝光的传统安防技术。在 Photoshop 中蒙版可以遮盖住部分图像，使其避免受到操作的影响，这种隐藏而非删除的编辑方式是一种非常方便的非破坏性编辑方式。

10.3.1　蒙版的种类和用途

　　在 Photoshop 中，蒙版分为快速蒙版、矢量蒙版、图层蒙版和剪贴蒙版。快速蒙版用于创建和编辑选区；矢量蒙版是由路径工具创建的蒙版，该蒙版可以通过路径与矢量图形控制图形的显示区域；使用图层蒙版可以将图像进行合成，蒙版中的白色区域可以遮盖下方图层中的内容，黑色区域可以遮盖当前图层中的内容；使用剪贴蒙版，用户可以通过一个图层来控制多个图层的显示区域。

　　在 Photoshop CC 中，蒙版具有转换方便、修改方便和可以运用不同滤镜等优点。下面介绍蒙版的作用。

- 转换方便：任意灰度图都可以转换成蒙版，操作方便。
- 修改方便：使用蒙版不会像使用橡皮擦工具或剪切删除操作那样，造成不可返回的错误。
- 运用不同滤镜：使用蒙版，用户可以运用不同的滤镜制作出不同的效果。

10.3.2　蒙版的【属性】面板

　　【属性】面板用于调整所选图层中的图层蒙版和矢量蒙版的不透明度和羽化范围，此外，使用光照效果滤镜、创建调整图层时，也会用到【属性】面板，如图 10-33 所示。执行【窗口】→【属性】菜单命令，即可打开【属性】面板。

- 【当前选择蒙版】图标□图层蒙版：显示在【图层】面板中选择的蒙版的类型，此时可在【属性】面板中对其进行编辑。
- 【添加像素蒙版】按钮■：单击该按钮，可以为当前图层添加蒙版。
- 【添加矢量蒙版】按钮■：单击该按钮，可以为当前图层添加矢量蒙版。
- 【浓度】文本框/滑块：拖曳滑块可以控制蒙版的不透明度，即蒙版的遮盖强度。
- 【羽化】文本框/滑块：拖曳滑块可以柔化蒙版的边缘。
- 【蒙版边缘】按钮：单击该按钮，打开【调整蒙版】对话框，可以修改蒙版边缘，并针对不同的背景查看蒙版。这些操作与调整选区边缘基本相同。

图 10-33

- 【颜色范围】按钮：单击该按钮，打开【色彩范围】对话框，此时可在图像中取样并调整颜色容差来修改蒙版范围。
- 【反相】按钮：可以翻转蒙版的遮盖区域。
- 【从蒙版中载入选区】按钮：单击该按钮，可以载入蒙版中包含的选区。
- 【应用蒙版】按钮：单击该按钮，可以将蒙版应用到图像中，同时删除被蒙版遮盖的图像。
- 【停用/启用蒙版】按钮：单击该按钮，或按住 Shift 键单击蒙版的缩览图，可以停用或重新启用蒙版。停用蒙版时，蒙版缩览图上会出现一个红色的"×"。
- 【删除蒙版】按钮：单击该按钮，可删除当前蒙版。将蒙版缩览图拖曳到【图层】面板底部的 按钮上也可将其删除。

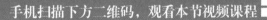

Section 10.4　图层蒙版

手机扫描下方二维码，观看本节视频课程

　　图层蒙版是一个 256 级色阶的灰度图像，它蒙在图层上面，起到遮盖图层的作用，然而其本身并不可见。图层蒙版主要用于合成图像。此外，创建调整图层、填充图层或者应用智能滤镜时，Photoshop 也会自动为其添加图层蒙版。

10.4.1　创建图层蒙版

　　创建图层蒙版的方法非常简单，下面详细介绍创建图层蒙版的方法。

 打开名为 4 和 5 的图像，使用移动工具将 5 拖入 4 图像中，生成"图层 1"，设置不透明度为 30%，如图 10-34 所示。

 按 Ctrl+T 组合键调出定界框，按住 Ctrl 键拖曳定界框四周的控制点对图像进行变形，使汽车的透视角度与鼠标相符，如图 10-35 所示。

图 10-34

step 3 按 Enter 键完成变换。单击【图层】面板中的【添加图层蒙版】按钮，为图层添加蒙版，如图 10-36 所示。

图 10-36

step 5 将"图层 1"的不透明度调整为100%，将前景色设置为白色，在车轮处涂抹，使车轮处被隐藏的图像显示出来，如图 10-38 所示。

图 10-38

step 7 执行【图层】→【新建调整图层】→【色彩平衡】菜单命令，创建"色彩平衡"调整图层，设置参数，如图 10-40 所示。

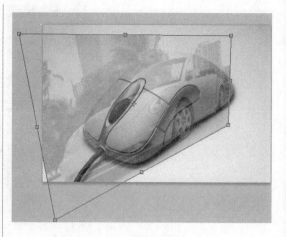

图 10-35

step 4 图像效果如图 10-37 所示。

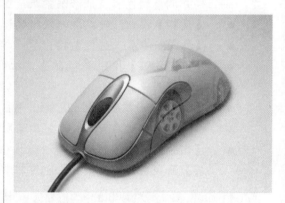

图 10-37

step 6 按住 Ctrl 键单击图层蒙版缩览图，载入选区，如图 10-39 所示。

图 10-39

step 8 通过以上步骤即可完成创建图层蒙版的操作，如图 10-41 所示。

图 10-40

图 10-41

10.4.2 将选区转换成图层蒙版

在 Photoshop CC 中，用户可以将选区中的内容创建为蒙版，并快速进行更换背景的操作。下面介绍通过选区创建蒙版的方法。

step 1 打开名为 6 的图像，使用快速选择工具选中动物，单击工具选项栏中的【调整边缘】按钮，如图 10-42 所示。

图 10-42

step 3 使用调整半径工具在动物没有被选中的毛发处涂抹，然后单击【调整边缘】对话框中的【确定】按钮，如图 10-44 所示。

step 2 打开【调整边缘】对话框，在【视图】下拉列表框中选择【黑底】选项，勾选【智能半径】复选框，设置参数，如图 10-43 所示。

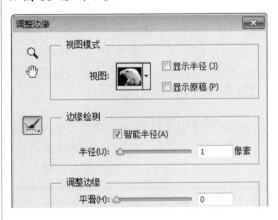

图 10-43

step 4 在【图层】面板中单击【添加图层蒙版】按钮，生成蒙版，如图 10-45 所示。

图 10-44

图 10-45

 图像效果如图 10-46 所示。

step 6 打开名为 7 的图像，使用移动工具
将抠出的动物拖入 7 图像中，如
图 10-47 所示。

图 10-46

图 10-47

10.4.3 停用图层蒙版

在图像中添加图层蒙版后，如果后面的操作不再需要蒙版，用户可以将其关闭以节省对系统资源的占用，用鼠标右键单击带有图层蒙版的缩览图，在弹出的快捷菜单中选择【停用图层蒙版】命令，即可停用图层蒙版，如图 10-48 所示。

10.4.4 删除图层蒙版

在 Photoshop CC 中，用户可以将创建的图层蒙版删除，图像即可还原为设置图层蒙版之前的效果，用鼠标右键单击带有图层蒙版的缩览图，在弹出的快捷菜单中选择【删除图层蒙版】命令，即可删除图层蒙版，如图 10-49 所示。

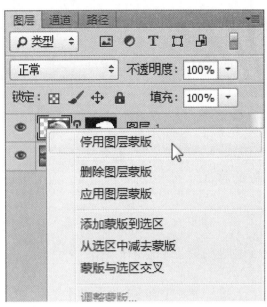

图 10-48

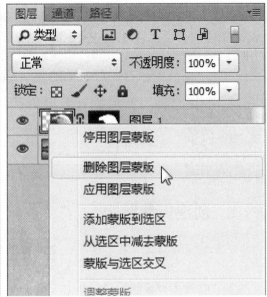

图 10-49

10.4.5 链接与取消链接蒙版

创建图层蒙版后，蒙版缩览图和图像缩览图中间有一个链接图标，它表示蒙版与图像处于链接状态，此时进行变换操作，蒙版会与图像一同变换。执行【图层】→【图层蒙版】→【取消链接】菜单命令，或者单击该图标，可以取消链接，如图 10-50 和图 10-51 所示。取消后可以单独变换图像，也可以单独变换蒙版。

图 10-50

图 10-51

添加图层蒙版后，蒙版缩览图外侧有一个白色边框，它表示蒙版处于编辑状态，此时进行的所有操作将应用于蒙版。如果要编辑图像，应单击图像缩览图，将边框转移到图像上。

Section 10.5 矢量蒙版

手机扫描下方二维码，观看本节视频课程

矢量蒙版是由钢笔、自定形状等矢量工具创建的蒙版，它与分辨率无关，无论怎样缩放都能保持光滑的轮廓，因此常用来制作 Logo、按钮或其他 Web 设计元素。矢量蒙版将矢量图形引入到蒙版中，丰富了蒙版的样式。

10.5.1 创建矢量蒙版

创建矢量蒙版的方法非常简单。下面详细介绍创建矢量蒙版的操作。

step 1 打开名为 8 的图像，在【图层】面板中选择"图层 1"，如图 10-52 所示。

图 10-52

step 3 按住 Ctrl 键单击【创建图层蒙版】按钮，即可基于当前路径创建矢量蒙版，如图 10-54 所示。

图 10-54

step 2 单击【自定形状工具】按钮，在工具选项栏中选择【路径】选项，选择【红心形卡】形状，在图像上绘制形状，如图 10-53 所示。

图 10-53

step 4 图像效果如图 10-55 所示。

图 10-55

10.5.2 向矢量蒙版中添加形状

创建矢量蒙版后，可以继续使用钢笔工具或形状工具在矢量蒙版中绘制形状。下面详细介绍在矢量蒙版中绘制形状的操作方法。

step 1 单击矢量蒙版缩览图，进入蒙版编辑状态，单击【自定形状工具】按钮，在【形状】下拉列表框中选择月亮图形，绘制该图形，将其添加到矢量蒙版中，如图 10-56 所示。

step 2 在【形状】下拉列表框中选择星星图形，绘制该图形，将其添加到矢量蒙版中，如图 10-57 所示。

图 10-57

图 10-56

10.5.3 将矢量蒙版转换为图层蒙版

选择矢量蒙版所在的图层，执行【图层】→【栅格化】→【矢量蒙版】菜单命令，或右击矢量蒙版缩览图，在弹出的快捷菜单中选择【栅格化矢量蒙版】命令，可将其栅格化，使之转换为图层蒙版，如图 10-58 和图 10-59 所示。

图 10-58

图 10-59

剪贴蒙版可以用一个图层中包含像素的区域来限制它上层图像的显示范围。它的最大优点是可以通过一个图层来控制多个图层的可见内容，而图层蒙版和矢量蒙版都只能控制一个。本节将详细介绍剪贴蒙版的相关知识。

10.6.1 创建剪贴蒙版

在 Photoshop CC 中，用户可以在图像中创建任意形状并添加剪贴蒙版，制作出不同的艺术效果。下面介绍创建剪贴蒙版的方法。

step 1 打开名为 9 的图像，在背景图层上方创建一个名为"图层 2"的新图层，并将"图层 1"隐藏，如图 10-60 所示。

图 10-60

step 3 选择并显示"图层 1"，执行【图层】→【创建剪贴蒙版】菜单命令，将该图层与下方的图层创建一个剪贴蒙版组，如图 10-62 所示。

step 2 单击【自定形状工具】按钮，在工具选项栏中选择【像素】选项，选择【红心】形状，在图像上绘制形状，如图 10-61 所示。

图 10-61

step 4 双击"图层 2"，打开【图层样式】对话框，添加【描边】效果，如图 10-63 所示。

图 10-62

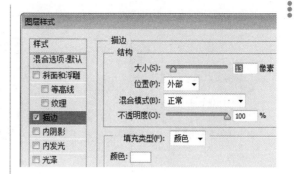

图 10-63

图 10-64

 在"组1"图层的眼睛图标处单击，显示该图层，如图 10-64 所示。

10.6.2　设置剪贴蒙版的不透明度

剪贴蒙版组使用基底图层的不透明度属性，因此，调整基底图层的不透明度时，可以控制整个剪贴蒙版组的不透明度，如图 10-65 和图 10-66 所示。

图 10-65

图 10-66

调整内容图层的不透明度时，不会影响剪贴蒙版组中的其他图层，如图 10-67 和图 10-68 所示。

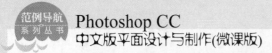

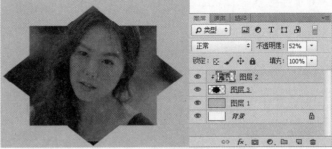

图 10-67   图 10-68

10.6.3 设置剪贴蒙版的混合模式

剪贴蒙版使用基底图层的混合属性，当基底图层为【正常】模式时，所有的图层会按照各自的混合模式与下面的图层混合。调整基底图层的混合模式时，整个剪贴蒙版中的图层都会使用此模式与下面的图层混合，如图 10-69 所示。

图 10-69

10.6.4 释放剪贴蒙版

选择基底图层正上方的内容图层，执行【图层】→【释放剪贴蒙版】菜单命令，或按 Alt+Ctrl+G 组合键，可以释放全部剪贴蒙版，如图 10-70 和图 10-71 所示。

图 10-70   图 10-71

快速蒙版

手机扫描下方二维码，观看本节视频课程

在快速蒙版模式下，用户可以将选区作为蒙版进行编辑，并且可以使用几乎全部的绘画工具或滤镜对蒙版进行编辑。当在快速蒙版模式下工作时，【通道】面板中出现一个临时的快速蒙版通道。

10.7.1 创建快速蒙版

一般使用快速蒙版模式都是从选区开始的，然后从中添加或者减去选区，以建立蒙版。使用快速蒙版可以通过绘画工具进行调整，以便创建复杂的选区。

step 1 打开名为 10 的图像，在【路径】面板中选择"工作路径"，按Ctrl+Enter组合键将路径转换为选区，如图10-72 所示。

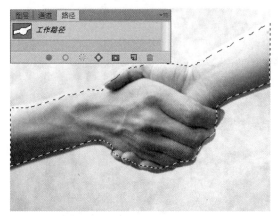

图 10-72

step 2 在工具箱中单击【以快速蒙版模式编辑】按钮，单击【画笔工具】按钮，设置画笔大小为 20 像素，硬度为 100%，设置前景色为白色，在选区边缘拖曳，进行适当擦除，如图 10-73 所示。

图 10-73

step 3 单击【以标准模式编辑】按钮，退出快速蒙版模式，按 Ctrl+J 组合键复制一个新图层，并隐藏背景图层，如图 10-74 所示。

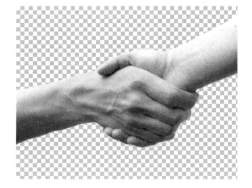

图 10-74

第二章 通道与蒙版

知识精讲

在进入快速蒙版后，当运用黑色绘图工具进行作图时，在图像中得到红色的区域，即非选区区域；当运用白色绘图工具进行作图时，可以去除红色的区域，即生成的选区；用灰色绘图工具作图，则生成的选区将会带有一定的羽化效果。

10.7.2　设置快速蒙版选项

默认情况下，快速蒙版为透明度 50%的红色，用户可以根据绘制图像的需要编辑快速蒙版选项，以便更好地使用快速蒙版功能。双击工具箱中的【以快速蒙版模式编辑】按钮，弹出【快速蒙版选项】对话框，在【颜色】区域中的【不透明度】文本框中输入数值，单击颜色色块，弹出【拾色器】对话框，设置颜色，单击【确定】按钮，返回【快速蒙版选项】对话框，单击【确定】按钮即可完成设置快速蒙版选项的操作，如图 10-75 所示。

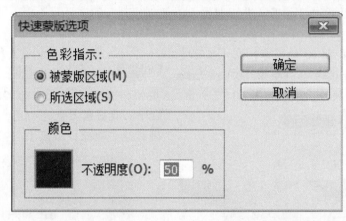

图 10-75

Section 10.8　范例应用与上机操作

手机扫描下方二维码，观看本节视频课程

在本节的学习过程中，将侧重介绍和讲解与本章知识点有关的范例应用及技巧，主要包括应用多边形工具蒙版、使用通道对透明物体抠图等内容。通过范例应用与上机操作帮助读者更好地掌握使用通道与蒙版的方法。

10.8.1　应用多边形工具蒙版

创建蒙版抠图效果可以使用形状工具建立路径，添加矢量蒙版来完成。

素材文件 第 10 章\素材文件\11.psd
效果文件 第 10 章\效果文件\11.psd

打开名为 11 的图像，如图 10-76 所示。

图 10-76

 ① 单击【图层】菜单，② 在弹出的下拉菜单中选择【矢量蒙版】命令，③ 选择【当前路径】子命令，如图 10-78 所示。

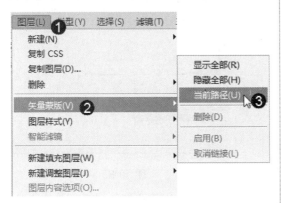

图 10-78

 单击【自定形状工具】按钮，在工具选项栏中选择【路径】选项，设置【形状】为【网格】，在图像中绘制路径，如图 10-77 所示。

图 10-77

 隐藏路径。通过以上步骤即可完成应用多边形工具蒙版的操作，如图 10-79 所示。

图 10-79

10.8.2 使用通道对透明物体抠图

下面介绍运用通道对透明物体抠图的操作方法。

素材文件❀ 第 10 章\素材文件\12.psd
效果文件❀ 第 10 章\效果文件\12.psd

 打开名为 12 的图像，如图 10-80 所示。

 在【通道】面板中拖动"蓝"通道至【创建新通道】按钮上，复制"蓝"通道，如图 10-81 所示。

图 10-80

图 10-81

step 3 执行【图像】→【调整】→【反相】菜单命令,效果如图10-82所示。

图 10-82

step 4 执行【图像】→【调整】→【色阶】菜单命令,弹出【色阶】对话框,单击【在图像中取样以设置黑场】按钮,在图像背景处单击设置黑场,如图10-83所示。

step 5 单击【画笔工具】按钮,设置画笔大小为 40 像素,不透明度为100%,设置前景色为白色,在蜻蜓身体的黑色部分进行适当涂抹,如图10-84所示。

图 10-84

图 10-83

step 6 按住 Ctrl 键的同时,单击"蓝 拷贝"通道,载入选区,如图10-85所示。

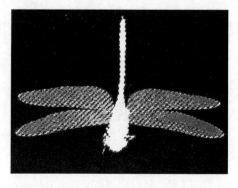

图 10-85

step 7　单击 RGB 通道，按 Ctrl+J 组合键复制一个新图层，将背景图层隐藏，如图 10-86 所示。

图 10-86

step 8　打开名为 13 的图像，使用移动工具将抠图拖入 13 图像中，适当调整其大小、位置和旋转角度，如图 10-87 所示。

图 10-87

Section 10.9　本章小结与课后练习

本节内容无视频课程

本章主要介绍了什么是通道、通道的基本操作、什么是蒙版、图层蒙版、矢量蒙版、剪贴蒙版以及创建快速蒙版等内容。学习本章内容后，用户可以掌握使用通道和蒙版的方法，为进一步使用软件制作图像奠定了基础。

10.9.1　思考与练习

1. 填空题

(1) 通道是用于存储图像_____和_____等不同类型信息的灰度图像。

(2) 在 Photoshop 中，蒙版分为快速蒙版、_____、矢量蒙版和_____。

2. 判断题

(1) 在复合通道下，用户可以同时预览和编辑所有颜色通道。　　　　（　　）

(2) Alpha 通道是一个 8 位的灰度通道，该通道用 256 级灰度来记录图像中的透明度信息，定义透明、不透明和半透明区域。　　　　（　　）

3. 思考题

(1) 如何创建 Alpha 通道？

(2) 如何创建剪贴蒙版？

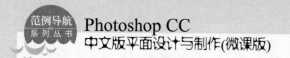

10.9.2　上机操作

(1)　通过本章的学习，读者基本可以掌握图层蒙版方面的知识，下面通过练习创建图层蒙版，以达到巩固与提高的目的。

(2)　通过本章的学习，读者基本可以掌握矢量蒙版方面的知识，下面通过练习创建矢量蒙版，以达到巩固与提高的目的。

第**11**章

矢量工具与路径

本章主要介绍路径与锚点的基础、使用钢笔工具绘图、编辑路径、路径的填充与描边方面的知识与技巧，同时讲解如何使用形状工具。通过本章的学习，读者可以掌握矢量工具与路径方面的知识，为深入学习 Photoshop CC 知识奠定基础。

本 章 要 点

1. 路径与锚点的基础
2. 使用钢笔工具绘图
3. 编辑路径
4. 路径的填充与描边
5. 路径与选区的转换
6. 使用形状工具

PHOTOSHOP CC

路径与锚点的基础

手机扫描下方二维码，观看本节视频课程

Photoshop 中的钢笔和形状等矢量工具可以创建不同类型的对象，包括形状图层、工作路径和像素图形。选择一个矢量工具后，需要先在工具选项栏中选择相应的绘制模式，然后再进行绘图操作。本节将详细介绍有关绘图模式方面的知识。

11.1.1　了解绘图模式

Photoshop 的矢量绘图工具包括钢笔工具和形状工具。钢笔工具主要用于绘制不规则的图形，而形状工具则是通过选择内置的图形样式绘制较为规则的图形。在绘图前首先要在工具选项栏中选择绘图模式，如形状、路径和像素，如图 11-1 所示。

图 11-1

在钢笔工具和形状工具的工具选项栏中选择【形状】选项后，可在单独的形状图层中创建形状。形状图层由填充区域和形状两部分组成：填充区域定义了形状的颜色、图案和图层的不透明度；形状则是一个矢量图形，它同时出现在【路径】面板中，如图 11-2 所示。

图 11-2

选择【路径】选项后，可创建工作路径。路径可以转换为选区或创建矢量蒙版，也可以填充和描边，从而得到光栅化的图像，如图 11-3 所示。

选择【像素】选项后，可以在当前图层上绘制栅格化的图形(图形的填充颜色为前景色)。由于不能创建矢量图形，因此【路径】面板中不会有路径，该选项也不能用于钢笔工具，如图 11-4 所示。

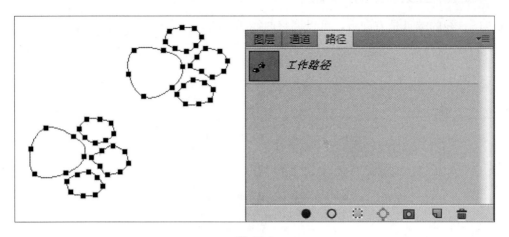

图 11-3

图 11-4

11.1.2　路径的定义

路径是可以转换成选区并可以对其填充和描边的轮廓。路径包括开放式路径和闭合式路径两种，如图 11-5 所示。其中，开放式路径是有起点和终点的路径；闭合式路径则是没有起点和终点的路径。路径也可以由多个相互独立的路径组件组成，这些路径称为子路径。

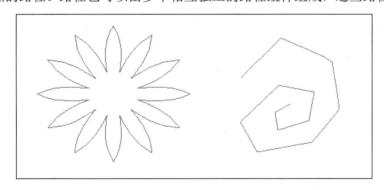

图 11-5

11.1.3　锚点的定义

锚点是组成路径的单位，包括平滑点和角点两种，如图 11-6 所示。其中，平滑点可以通过连接形成平滑的曲线；角点可以通过连接形成直线或转角的曲线，曲线路径上锚点有

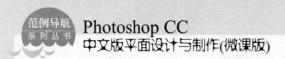

方向线，该线的端点是方向点，可以调整曲线的形状。

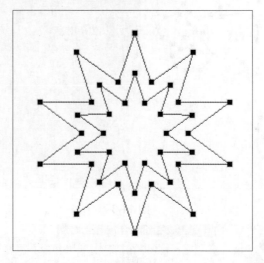

图 11-6

　　路径和锚点是矢量对象且不包含像素，没有经过填充或者描边处理是不能打印出来的。使用 PSD、TIFF、JPEG 和 PDF 等格式存储文件可以保存路径。

Section 11.2 　使用钢笔工具绘图

手机扫描下方二维码，观看本节视频课程

　　钢笔工具是 Photoshop 中最强大的绘图工具，它主要有两个用途：①绘制矢量图形；②用于选取对象。在作为选取工具使用时，钢笔工具描绘的轮廓光滑、准确，将路径转换为选区就可以准确地选择对象。

11.2.1　绘制直线路径

　　钢笔工具可以用来创建直线路径，使用钢笔工具绘制直线路径的方法非常简单。下面详细介绍使用钢笔工具绘制直线路径的方法。

 新建素材，单击【钢笔工具】按钮，在图像上单击确定第一个锚点，如图 11-7 所示。

 将光标移至下一位置处单击，创建第二、三、四个锚点，如图 11-8 所示。

图 11-7

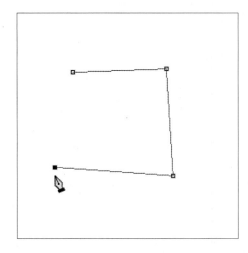

图 11-8

step 3 如果要闭合路径，将光标移至起
点，光标变为带有圆圈的钢笔工
具，单击，如图 11-9 所示。

step 4 通过以上步骤即可完成使用钢笔
工具绘制直线路径的操作，如
图 11-10 所示。

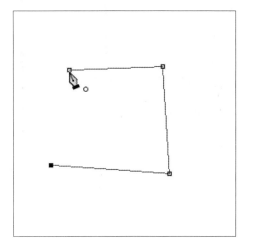

图 11-9

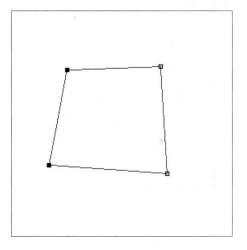

图 11-10

11.2.2　绘制曲线路径

使用钢笔工具不仅可以绘制直线路径，还可以绘制曲线路径。下面介绍使用钢笔工具
绘制曲线路径的方法。

step 1 新建素材，单击【钢笔工具】按钮，
在图像上单击并向上拖动创建一
个平滑点，如图 11-11 所示。

step 2 将光标移到下一位置，单击并向下
拖动鼠标，创建第二个平滑点，在
拖动的过程中可以调整方向线的长度和方
向，进而指示由下一个锚点生成路径的走向，
如图 11-12 所示。

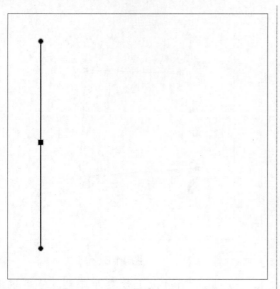

图 11-11

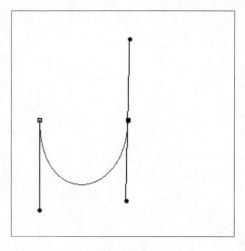

图 11-12

 继续创建平滑点即可生成一段光滑流畅的曲线，如图 11-13 所示。

智慧锦囊

钢笔工具绘制的曲线叫贝塞尔曲线。它是由法国计算机图形学大师贝塞尔在 20 世纪 70 年代早期开发的，其原理是在锚点上加上两个控制柄，不论调整哪一个控制柄，另外一个始终与它保持呈一直线状态并与曲线相切。

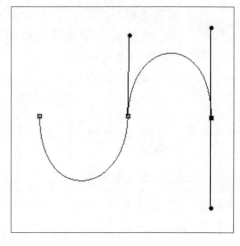

图 11-13

11.2.3 自由钢笔工具

在 Photoshop CC 中，用户使用自由钢笔工具可以绘制任意图形，其使用方法与套索工具十分相似。下面介绍运用自由钢笔工具的方法。

 新建图像素材，单击工具箱中的【自由钢笔工具】按钮 ，将鼠标指针移动至图像文件中，单击并拖动鼠标左键绘制路径，如图 11-14 所示。

绘制完成后释放鼠标左键。通过以上步骤即可完成使用自由钢笔工具的操作，如图 11-15 所示。

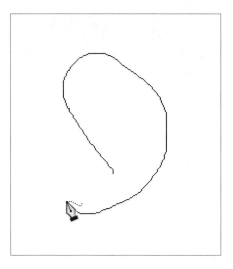

图 11-14

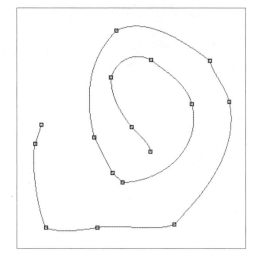

图 11-15

11.2.4 使用磁性钢笔工具

在 Photoshop CC 中，如果准备使用磁性钢笔工具，用户需要选中自由钢笔工具选项栏中的【磁性的】复选框。下面介绍运用磁性钢笔工具的方法。

step 1 打开名为 1 的图像，单击【自由钢笔工具】按钮，在工具选项栏中勾选【磁性的】复选框，在画面中单击并拖动鼠标即可绘制路径，Photoshop 会自动为路径添加锚点，如图 11-16 所示。

step 2 将光标移至起点，创建闭合路径。通过以上步骤即可完成使用磁性钢笔工具的操作，如图 11-17 所示。

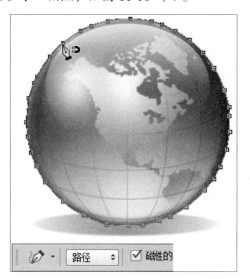

图 11-16

图 11-17

Section 11.3 编辑路径

手机扫描下方二维码，观看本节视频课程

使用钢笔工具绘图或者描摹对象的轮廓时，有时不能一次就绘制准确，而是需要在绘制完成后，通过对锚点和路径的编辑来达到目的。本节将详细介绍添加与删除锚点、选择与移动锚点和路径、调整路径形状、变换路径等内容。

11.3.1 添加与删除锚点

使用添加锚点工具![图标]可以直接在路径上添加锚点；或者在使用钢笔工具的状态下，将光标放在路径上，当其变为![图标]形状时，在路径上单击也可以添加一个锚点，如图 11-18 所示。

使用删除锚点工具可以删除路径上的锚点；或者在使用钢笔工具的状态下，将光标放在路径上，当其变成![图标]形状时单击即可删除锚点，如图 11-19 所示。

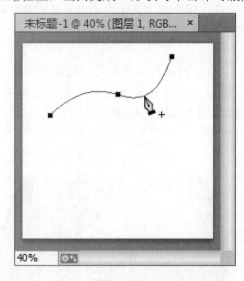

图 11-18

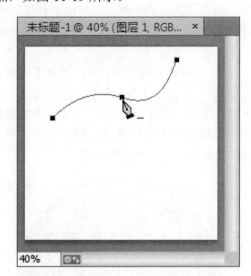

图 11-19

11.3.2 选择与移动锚点和路径

使用直接选择工具![图标]单击一个锚点即可选择该锚点，选中的锚点为实心方块，未选中的锚点为空心方块，如图 11-20 所示。单击一个路径段时，可以选择该路径段。

使用路径选择工具![图标]单击路径即可选择路径，如图 11-21 所示。如果要选择多个锚点、路径段或路径，可以按住 Shift 键逐一单击需要选择的对象；也可以单击并拖曳一个选框，将需要选择的对象框选；如果要取消选择，可在画面空白处单击。

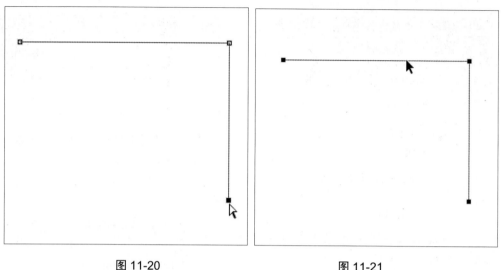

图 11-20   图 11-21

11.3.3　调整路径形状

　　直接选择工具和转换点工具都可以调整方向线。例如，图 11-22 所示为原图形，使用直接选择工具拖曳平滑点上的方向线时，方向线始终保持为一条直线状态，锚点两侧的路径段都会发生改变，如图 11-23 所示；使用转换点工具拖曳方向线时，可以单独调整平滑点任意一侧的方向线，而不会影响另一侧的方向线和同侧的路径段，如图 11-24 所示。

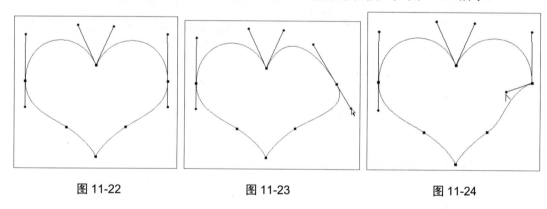

图 11-22   图 11-23   图 11-24

11.3.4　复制与删除路径

　　在 Photoshop CC 中，用户可以对已经创建的路径进行复制，以便用户对图像进行编辑。下面介绍复制与删除路径的方法。

step 1 在【路径】面板中用鼠标右键单击准备复制的路径，在弹出的快捷菜单中选择【复制路径】命令，如图 11-25 所示。

step 2 弹出【复制路径】对话框，单击【确定】按钮，如图 11-26 所示。

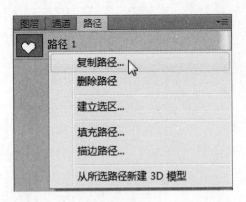

图 11-25

图 11-26

 在【路径】面板中用鼠标右键单击准备删除的路径，在弹出的快捷菜单中选择【删除路径】命令，如图 11-28 所示。

 通过以上步骤即可完成复制路径的操作，如图 11-27 所示。

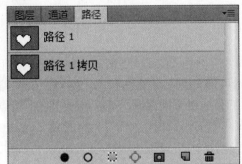

图 11-27

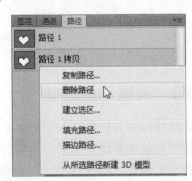

图 11-28

图 11-29

 通过以上步骤即可完成删除路径的操作，如图 11-29 所示。

11.3.5 路径的变换操作

在【路径】面板中选择路径，执行【编辑】→【变换路径】菜单命令，可以显示定界框，拖曳控制点可对路径进行缩放、旋转、斜切和扭曲等变换操作，如图 11-30 所示。路径的变换方法与变换图像的方法相同。

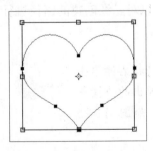

图 11-30

创建路径后，用户可以将路径填充上自己喜欢的颜色，还可以为路径添加描边，描边情况与画笔的设置有关，所以要对描边进行控制就需要先对画笔进行相关设置。本节将详细介绍路径的描边与填充方面的知识。

11.4.1 描边路径

创建路径后，用户可以将路径描边，描边路径的方法非常简单。下面详细介绍描边路径的操作方法。

 使用自定形状工具绘制一段路径，如图 11-31 所示。

 设置前景色为红色，在【路径】面板中单击【用画笔工具描边】按钮 〇，如图 11-32 所示。

图 11-32

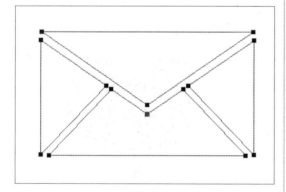

图 11-31

 此时路径已经被描边。通过以上步骤即可完成描边路径的操作，如图 11-33 所示。

图 11-33

11.4.2 填充路径

创建路径后，用户可以将路径填充上自己喜欢的颜色，填充路径的方法非常简单，下面详细介绍填充路径的操作方法。

step 1　使用自定形状工具绘制路径，如图 11-34 所示。

图 11-34

step 3　此时路径已经被填充，具体设置如图 11-36 所示。

图 11-36

step 2　设置前景色为红色，在【路径】面板中用鼠标右键单击"路径 1"，在弹出的快捷菜单中选择【填充子路径】命令，如图 11-35 所示。

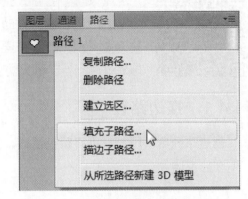

图 11-35

step 4　图像效果如图 11-37 所示。

图 11-37

Section 11.5　路径与选区的转换

手机扫描下方二维码，观看本节视频课程

　　路径与选区之间的转换也是使用 Photoshop 的常见操作。用户可以将路径转换为选区，还可以将选区转换为路径，选区与路径相互转换的方法非常简单，在【路径】面板中即可实现，本节将详细介绍路径与选区相互转换的方法。

11.5.1 从选区建立路径

用户可以从选区建立路径，从选区建立路径的方法非常简单。下面介绍从选区建立路径的方法。

 打开名为 2 的图像，使用魔棒工具单击背景图像，如图 11-38 所示。

图 11-38

 按 Shift+Ctrl+I 组合键反选选区，选中小鸭子，如图 11-39 所示。

图 11-39

 在【路径】面板中单击【从选区生成工作路径】按钮，如图 11-40 所示。

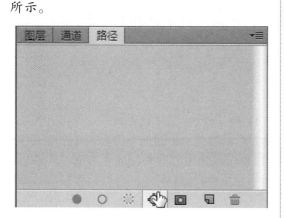

图 11-40

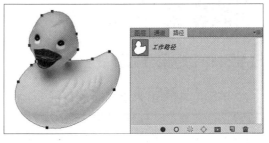 此时选区已经变为路径。通过以上步骤即可完成从选区建立路径的操作，如图 11-41 所示。

图 11-41

11.5.2 从路径建立选区

用户可以将路径转换为选区，将路径转换为选区的方法非常简单。下面介绍将路径转换为选区的方法。

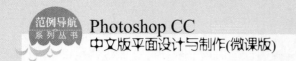
 选中面板中的路径,单击【将路径作为选区载入】按钮，如图 11-42 所示。

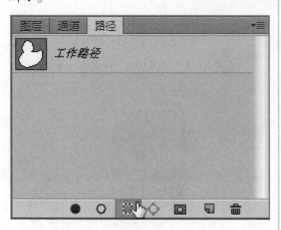

图 11-42

 通过以上步骤即可完成从路径建立选区的操作,如图 11-43 所示。

图 11-43

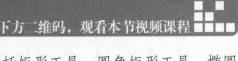

Section
11.6
使用形状工具
手机扫描下方二维码，观看本节视频课程

Photoshop 的形状工具包括矩形工具、圆角矩形工具、椭圆工具、多边形工具、直线工具和自定形状工具,它们可以绘制出标准的几何矢量图形,也可以绘制用户自定义的图形。本节将介绍使用形状工具绘制矢量图形的方法。

11.6.1 矩形工具

矩形工具 用来绘制矩形和正方形,如图 11-44 所示。选择该工具后,单击并拖动鼠标可以创建矩形;按住 Shift 键拖动可以创建正方形;按住 Alt 键拖动则会以单击点为中心向外创建矩形;按住 Shift+Alt 组合键拖动则会以单击点为中心向外创建正方形。

单击工具选项栏中的 按钮,打开下拉面板,如图 11-45 所示,可以设置矩形的创建方法。

- 【固定大小】单选按钮:选中该单选按钮,并在它右侧的文本框中输入数值(W 为宽度,H 为高度),此后单击鼠标时,只创建预设大小的矩形。
- 【比例】单选按钮:选中该单选按钮,并在它右侧的文本框中输入数值(W 为宽度,H 为高度),此后拖动鼠标时,无论创建多大的矩形,矩形的宽度和高度都保持预设的比例。

- 【从中心】复选框：勾选该复选框，以任何形式创建矩形时，鼠标在画面中的单击点即为矩形的中心，拖动鼠标时矩形将由中心向外扩展。
- 【对齐边缘】复选框：勾选该复选框，矩形的边缘与像素的边缘重合，不会出现锯齿；取消勾选后，矩形边缘会出现模糊的像素。

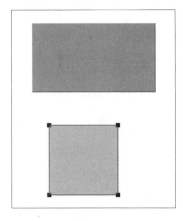

图 11-44

图 11-45

11.6.2　圆角矩形工具

圆角矩形工具 用来创建圆角矩形，如图 11-46 所示。它的使用方法以及选项与矩形工具相同，只是多了【半径】选项，如图 11-47 所示。【半径】选项用来设置圆角半径，该值越高，圆角越广。

图 11-46

图 11-47

11.6.3　椭圆工具

椭圆工具 用来创建圆形和椭圆形，如图 11-48 所示。选择该工具后，单击并拖动鼠标可以创建椭圆形，按住 Shift 键拖动则可以创建圆形。椭圆工具的选项及创建方法与矩形工具基本相同，既可以创建不受约束的椭圆形和圆形，也可以创建固定大小和固定比例的图形。

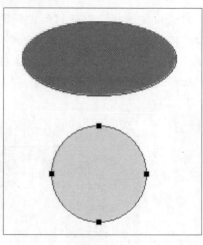

图 11-48

11.6.4 多边形工具

多边形工具 用来创建多边形和星形，如图 11-49 所示。选择该工具后，首先要在工具选项栏中设置多边形或星形的边数，范围为 3～100。单击工具选项栏中的 按钮，打开下拉面板，在面板中可以设置多边形的选项，如图 11-50 所示。

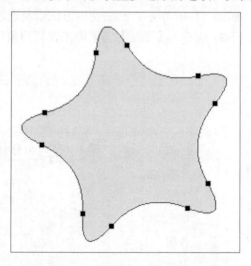

图 11-49

图 11-50

- 【半径】文本框：设置多边形或星形的半径长度，此后单击并拖动鼠标时将创建指定半径值的多边形或星形。
- 【平滑拐角】复选框：创建具有平滑拐角的多边形和星形。
- 【星形】复选框：勾选该复选框可以创建星形。在【缩进边依据】文本框中可以设置星形边缘向中心缩进的值，该值越高，缩进量越大。
- 【平滑缩进】复选框：勾选该复选框，可以使星形的边平滑地向中心缩进。

11.6.5 直线工具

直线工具 用来创建直线和带有箭头的线段，如图 11-51 所示。选择该工具后，单击并拖动鼠标可以创建直线或线段，按住 Shift 键可创建水平、垂直或以 45°角为增量的直线。它的工具选项栏中包含了设置直线粗细的选项。此外，下拉面板中还包含了设置箭头的选项，如图 11-52 所示。

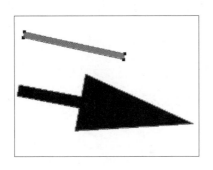

图 11-51   图 11-52

- 【起点】/【终点】复选框：可分别或同时在直线的起点和终点添加箭头。
- 【宽度】文本框：可设置箭头宽度与直线宽度的百分比，范围为 10%～1000%。
- 【长度】文本框：可设置箭头长度与直线长度的百分比，范围为 10%～5000%。
- 【凹度】文本框：用来设置箭头的凹陷程度，范围为-50%～50%。该值为 0% 时，箭头尾部平齐；该值大于 0% 时，向内凹陷；小于 0% 时，向外凸出。

11.6.6 自定形状工具

使用自定形状工具 可以创建 Photoshop 预设的形状、自定义形状或者是外部提供的形状。选择该工具后，需要单击工具选项栏中的【形状】下拉按钮，在打开的形状下拉面板中选择一种形状，如图 11-53 所示，然后单击并拖动鼠标即可创建该图形，如图 11-54 所示。如果要保持形状的比例，可以按住 Shift 键绘制形状。

图 11-53   图 11-54

第二章 矢量工具与路径

263

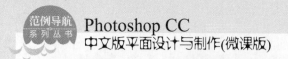

本节将侧重介绍和讲解与本章知识点有关的范例应用及技巧，主要包括用历史记录填充路径区域、使用画笔描边路径等内容。通过范例应用与上机操作帮助用户更好地掌握使用矢量工具与路径的方法。

11.7.1　用历史记录填充路径区域

用户还可以使用【历史记录】面板达到填充路径的目的，下面介绍使用【历史记录】面板填充路径的方法。

素材文件❀ 第11章\素材文件\3.jpg
效果文件❀ 第11章\效果文件\3.jpg

1　打开名为 3 的图像，如图 11-55 所示。

图 11-55

3　图像效果如图 11-57 所示。

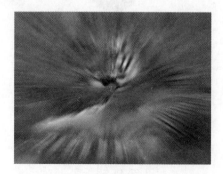

图 11-57

2　执行【滤镜】→【模糊】→【径向模糊】菜单命令，弹出【径向模糊】对话框，① 设置参数，② 单击【确定】按钮，如图 11-56 所示。

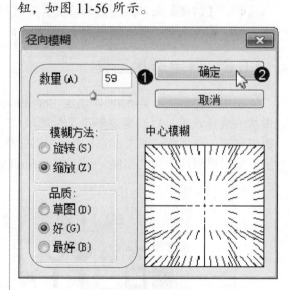

图 11-56

step 4 打开【历史记录】面板，单击【创建新快照】按钮，基于当前的图像创建一个快照，在"快照1"前面单击，将历史记录的源设置为"快照1"，如图11-58所示。

图 11-58

step 6 在【路径】面板中选择"路径1"，执行面板菜单中的【填充路径】命令，如图11-60所示。

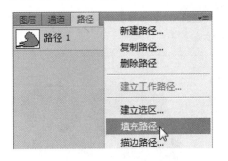

图 11-60

step 8 在【路径】面板空白处单击隐藏路径，即可完成使用历史记录填充路径区域的操作，如图11-62所示。

图 11-62

11.7.2 使用画笔描边路径

下面介绍使用画笔为路径描边的案例。

step 5 单击步骤"打开"，将图像恢复到打开时的状态，如图11-59所示。

图 11-59

step 7 弹出【填充路径】对话框，设置参数，单击【确定】按钮，如图11-61所示。

图 11-61

素材文件 第11章\素材文件\4.psd
效果文件 第11章\效果文件\4.psd

step 1 打开名为 4 的图像,在【路径】面板中单击路径,画面会显示所选的文字路径,如图 11-63 所示。

图 11-63

step 3 单击【图层】面板底部的【创建新图层】按钮,设置前景色(2、125、0)和背景色(99、140、11),执行【路径】面板菜单中的【描边路径】命令,如图 11-65 所示。

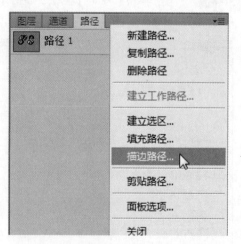

图 11-65

step 5 新建一个图层,设置前景色(190、139、0)和背景色(189、4、0),执行【路径】面板菜单中的【描边路径】命令,弹出【描边路径】对话框,① 勾选【模拟压力】复选框,② 单击【确定】按钮,如图 11-67 所示。

step 2 打开【画笔预设】面板,加载面板菜单中的【特殊效果画笔】画笔库,选择名为"杜鹃花串"的笔尖,设置直径为 40 像素,如图 11-64 所示。

图 11-64

step 4 弹出【描边路径】对话框,单击【确定】按钮,描边的效果如图 11-66 所示。

图 11-66

step 6 描边效果如图 11-68 所示。

图 11-67

step 7　设置画笔工具的直径为 20 像素，新建一个图层，设置前景色为白色，背景色为橙色(243、152、0)，再次描边路径，如图 11-69 所示。

图 11-69

step 9　在【路径】面板空白处单击，隐藏路径，双击"图层3"，打开【图层样式】对话框，添加【投影】效果，如图 11-71 所示。

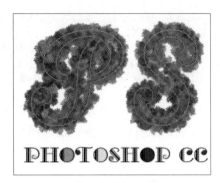

图 11-68

step 8　按 Ctrl+L 组合键，打开【色阶】对话框，设置参数，单击【确定】按钮，如图 11-70 所示。

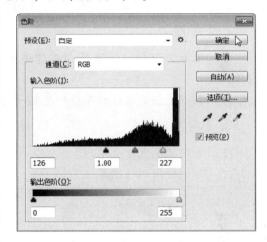

图 11-70

step 10　将"图层 3"的图层效果复制给"图层 1"和"图层 2"，最终效果如图 11-72 所示。

图 11-72

图 11-71

第二章　矢量工具与路径

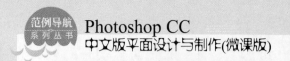
范例导航
系列丛书

Section 11.8 本章小结与课后练习

本节内容无视频课程

本章主要介绍路径与锚点的基础知识、使用钢笔工具绘图、编辑路径、路径的填充与描边、路径与选区的转换、使用形状工具等内容。学习本章内容后，用户可以掌握使用矢量工具与路径的方法，为进一步使用软件制作图像奠定了基础。

11.8.1 思考与练习

1. 填空题

(1) Photoshop 的矢量绘图工具包括_____和_____。

(2) 路径包括_____和_____两种。

2. 判断题

(1) 像素可以转换为选区或创建矢量蒙版，也可以填充和描边，从而得到光栅化的图像。   (   )

(2) 锚点是组成路径的单位，包括平滑点和角点两种。   (   )

3. 思考题

(1) 如何从选区建立路径？

(2) 如何使用磁性钢笔工具？

11.8.2 上机操作

(1) 通过本章的学习，读者基本可以掌握编辑路径方面的知识，下面通过练习描边路径，以达到巩固与提高的目的。

(2) 通过本章的学习，读者基本可以掌握路径与选区相互转换方面的知识，下面通过练习从路径建立选区，以达到巩固与提高的目的。

第 **12** 章

滤镜的应用

本章主要介绍滤镜的原理、风格化滤镜、模糊滤镜、锐化滤镜、扭曲滤镜、像素化滤镜和渲染滤镜方面的知识与技巧，同时讲解如何使用智能滤镜。通过本章的学习，读者可以掌握应用滤镜方面的知识，为深入学习 Photoshop CC 知识奠定基础。

本 章 要 点

1. 滤镜的原理
2. 风格化滤镜
3. 模糊滤镜与锐化滤镜
4. 扭曲滤镜
5. 像素化滤镜
6. 渲染滤镜
7. 智能滤镜

Section 12.1　滤镜的原理

手机扫描下方二维码，观看本节视频课程

滤镜是 Photoshop 最具吸引力的功能之一。Photoshop 的滤镜家族中有 100 多个 "成员"，它们都在【滤镜】菜单中。滤镜的作用是实现图像的各种特殊效果。滤镜通常需要与通道、图层等结合使用，才能取得最佳艺术效果。

12.1.1　滤镜概述

滤镜本身是一种摄影器材，摄影师将其安装在照相机的镜头前面，用于改变光源的色温，以符合摄影的目的及制作特殊效果的需要。Photoshop 滤镜是一种插件模块，能够操纵图像中的像素，通过改变像素的位置或颜色来生成特效。在 Photoshop 中滤镜的功能非常强大，不仅可以制作一些常见的如素描、印象派绘画等特殊艺术效果，还可以制作出绚丽无比的创意图像。

Photoshop 中的滤镜可以分为内置滤镜和外挂滤镜两大类。Adobe 公司提供的内置滤镜显示在【滤镜】菜单中。第三方开发商开发的滤镜可以作为增效工具使用，在安装外挂滤镜后，这些增效工具滤镜将出现在【滤镜】菜单的底部。

Photoshop 的内置滤镜主要有两种用途。第一种用于创建具体的图像特效，如可以生成粉笔画、图章、纹理、波浪等各种效果，此类滤镜的数量最多，且绝大多数都在【风格化】、【画笔描边】、【扭曲】、【素描】、【纹理】、【像素化】、【渲染】和【艺术效果】等滤镜组中。

第二种用于编辑图像，如减少图像杂色、提高清晰度等。这些滤镜在【模糊】、【锐化】和【杂色】等滤镜组中。此外，【液化】、【消失点】和【镜头校正】也属于此类滤镜。这 3 种滤镜比较特殊，其功能强大，并且有自己的工具和独特的操作方法，更像是独立的软件。

12.1.2　滤镜的使用规则

使用滤镜处理某一图层中的图像时，需要选择该图层，并且图层必须是可见的。

滤镜以及绘画、加深、减淡、涂抹、污点修复画笔等修饰工具只能处理当前选择的一个图层，而不能同时处理多个图层。而移动、缩放和旋转等变换操作，可以对多个选定的图层同时处理。

滤镜的处理效果是以像素为单位进行计算的，因此，相同的参数处理不同分辨率的图像，其效果也会有所不同。

只有分层云彩滤镜可以应用在没有像素的区域，其他滤镜都必须应用在包含像素的区域，否则不能使用这些滤镜。但外挂滤镜除外。

如果创建了选区，滤镜只处理选中的图像；如果未创建选区，则处理当前图层中的全部图像。

当打开【滤镜】菜单时，感觉滤镜很少，并没有 100 多种，那是因为部分滤镜被隐藏起来了。执行【编辑】→【首选项】→【增效工具】菜单命令，打开【首选项】对话框，勾选【显示滤镜库的所有组合名称】复选框，即可让【画笔描边】【素描】【纹理】及【艺术效果】等滤镜组出现在【滤镜】菜单中。

Section 12.2 风格化滤镜

手机扫描下方二维码，观看本节视频课程

【风格化】滤镜组中包含【查找边缘】、【等高线】、【风】、【浮雕效果】、【扩散】、【拼贴】、【曝光过度】、【凸出】和【照亮边缘】共 9 种滤镜，它们可以置换像素、查找并增强图像的对比度，产生绘画和印象派风格效果。

12.2.1　查找边缘

【查找边缘】滤镜可以自动查找图像中像素对比明显的边缘，将高反差区域变亮，低反差区域变暗，其他区域在高反差区和低反差区之间过渡。

 打开名为 1 的图像，如图 12-1 所示。

 按 Ctrl+J 组合键复制背景图层，然后执行【滤镜】→【风格化】→【查找边缘】菜单命令，效果如图 12-2 所示。

图 12-1

图 12-2

step 3 按 Ctrl+J 组合键复制出一个"图层 1 拷贝"，设置该图层的【混合模式】为【正片叠底】，如图 12-3 所示。

step 4 复制背景图层，将复制出的图层放置在最上层，单击【添加图层蒙版】按钮，将蒙版填充为黑色，然后使用白色柔边画笔工具在建筑上涂抹，效果如图 12-4 所示。

第 12 章　滤镜的应用

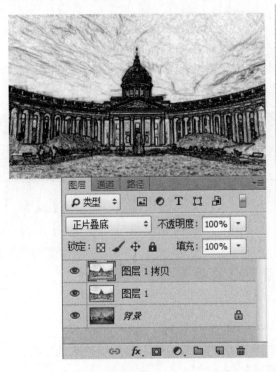

图 12-3

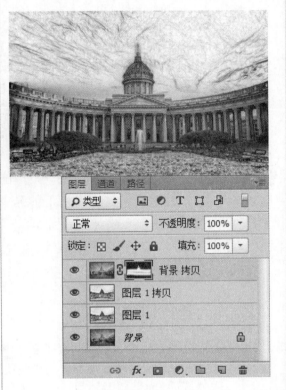

图 12-4

step 5　在最上层创建一个名为"白边"的图层，设置前景色为白色，单击【渐变工具】按钮，设置一个前景色到透明的渐变，单击【径向渐变】按钮，勾选【反向】复选框，如图 12-5 所示。

step 6　为图像添加从建筑中心到边缘的径向渐变，如图 12-6 所示。

☑ 反向　☑ 仿色　☑ 透明区域

图 12-5

图 12-6

12.2.2　等高线

　　【等高线】滤镜的作用是通过查找图像的主要亮度区，为每个颜色通道勾勒主要亮度区域，以便得到与等高线颜色类似的效果。图 12-7 和图 12-8 所示为滤镜参数设置及其效果。

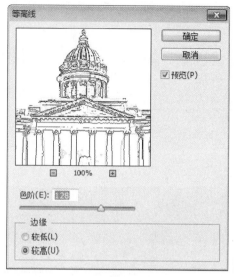

图 12-7   图 12-8

- 【色阶】文本框：用来设置描绘边缘的基准亮度等级。
- 【边缘】区域：用来设置处理图像边缘的位置以及边界的产生方法。选中【较低】单选按钮，可以在基准亮度等级以下的轮廓上产生等高线；选中【较高】单选按钮，可以在基准亮度等级以上的轮廓上产生等高线。

12.2.3 风

在 Photoshop CC 中，【风】滤镜是通过在图像中增加细小的水平线模拟风吹的效果，如图 12-9 和图 12-10 所示。该滤镜仅在水平方向发挥作用，要产生其他方向的风吹效果，需要先将图像旋转，然后再使用此滤镜。

图 12-9   图 12-10

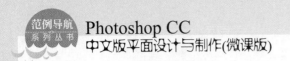
12.2.4 浮雕效果

【浮雕效果】滤镜的作用是通过勾画图像或选区轮廓，降低勾画图像或选区周围色值以产生凸起或凹陷的效果，如图 12-11 和图 12-12 所示。

图 12-11

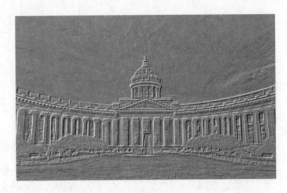

图 12-12

- 【角度】文本框：用来设置照射浮雕的光线角度，它会影响浮雕的凸出位置。
- 【高度】文本框：用来设置浮雕效果凸起的高度。

12.2.5 扩散

【扩散】滤镜是通过将图像中相邻像素按规定的方式进行移动，如正常、变暗优先、变亮优先和各向异性等，使得图像进行扩散，从而形成类似透过磨砂玻璃查看图像的效果，如图 12-13 和图 12-14 所示。

图 12-13

图 12-14

- 【正常】单选按钮：图像的所有区域都进行扩散处理。
- 【变暗优先】单选按钮：用较暗的像素替换亮的像素，暗部像素扩散。
- 【变亮优先】单选按钮：用较亮的像素替换暗的像素，只有亮部像素产生扩散。
- 【各向异性】单选按钮：在颜色变化最小的方向上搅乱像素。

12.2.6 拼贴

【拼贴】滤镜可根据指定的值将图像分为块状，并使其偏离原来的位置，产生不规则砖块拼凑成的图像效果，如图 12-15 和图 12-16 所示。该滤镜会在各砖块之间生成一定的空隙，在【填充空白区域用】选项组内可以选择空隙中使用的内容填充。

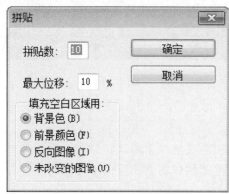

图 12-15　　　　　　　　　　　　　　　图 12-16

- 【拼贴数】文本框：设置图像拼贴块的数量。当拼贴数达到 99 时，整个图像将被【填充空白区域用】选项组中设定的颜色覆盖。
- 【最大位移】文本框：设置拼贴块的间隙。

12.2.7 曝光过度

【曝光过度】滤镜可以模拟出摄影中增加光线强度而产生的过度曝光效果，如图 12-17所示。该滤镜无对话框。

图 12-17

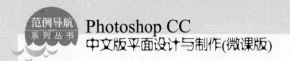
12.2.8 凸出

【凸出】滤镜可以将图像分成一系列大小相同且重叠放置的立方体或锥体,产生特殊的 3D 效果,如图 12-18 和图 12-19 所示。

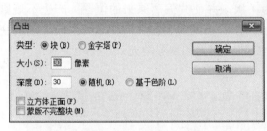

图 12-18   图 12-19

- 【大小】文本框:用来设置立方体或金字塔底面的值,该值越大,生成的立方体和锥体越大。
- 【深度】文本框:用来设置凸出对象的高度。【随机】单选按钮表示为每个块或金字塔设置一个任意的深度;【基于色阶】单选按钮则表示使每个对象的深度与其亮度相对应。
- 【立方体正面】复选框:勾选该复选框,将失去图像整体轮廓,生成的立方体上只显示单一的颜色。
- 【蒙版不完整块】复选框:隐藏所有延伸出选区的对象。

12.2.9 照亮边缘

【照亮边缘】滤镜可以搜索图像中颜色变化较大的区域,标识颜色的边缘,并向其添加类似霓虹灯效果的光亮,如图 12-20 和图 12-21 所示。

图 12-20   图 12-21

- 【边缘宽度】/【边缘亮度】文本框:用来设置发光边缘的宽度和亮度。
- 【平滑度】文本框:用来设置发光边缘的平滑程度。

【模糊】滤镜组中包含 14 种滤镜，它们可以削弱相邻像素的对比度并柔化图像，使图像产生模糊效果；锐化滤镜组中包含 6 种滤镜，它们可以通过增强相邻像素间的对比度来聚焦模糊的图像，使图像变得清晰。

12.3.1 表面模糊

【表面模糊】滤镜是通过保留图像边缘的同时模糊图像，使用该滤镜可以创建特殊的效果并消除图像中的杂色或颗粒，图 12-22 所示为原图，图 12-23 所示为【表面模糊】对话框，图 12-24 所示为效果图。

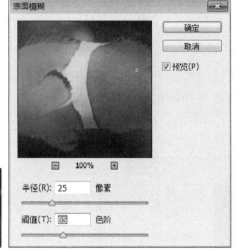

图 12-22　　　　　　　　图 12-23　　　　　　　　图 12-24

- 【半径】文本框：用来指定模糊取样区域的大小。
- 【阈值】文本框：用来控制相邻像素色调值与中心像素值相差多大时才能成为模糊的一部分，色调值差小于阈值的像素将被排除在模糊之外。

12.3.2 动感模糊

【动感模糊】滤镜可以根据需要沿指定方向(-360°～360°)、以指定强度(1～999)模糊图像，产生的效果类似于以固定的曝光时间给一个移动的对象拍照，如图 12-25 和图 12-26 所示。在表现对象的速度感时会经常用到该滤镜。

- 【角度】文本框：用来设置模糊的方向。可输入角度数值，也可以拖曳指针调整角度。

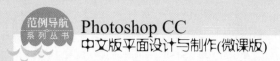
● 【距离】文本框: 用来设置像素移动的距离。

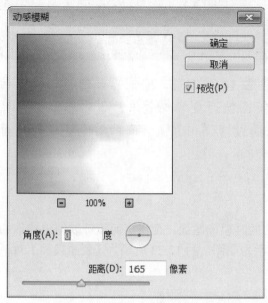

图 12-25

图 12-26

12.3.3 方框模糊

【方框模糊】滤镜可基于相邻像素的平均颜色值来模糊图像,生成类似于方块状的特殊模糊效果,如图 12-27 和图 12-28 所示。【半径】值可以调整用于计算给定像素平均值的区域大小。

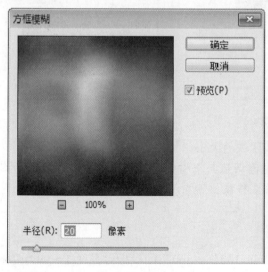

图 12-27

图 12-28

12.3.4　高斯模糊

　　【高斯模糊】滤镜可以添加低频细节，使图像产生一种朦胧效果，如图 12-29 和图 12-30 所示。通过调整【半径】值可以设置模糊的范围，它以像素为单位，数值越大模糊效果越强烈。

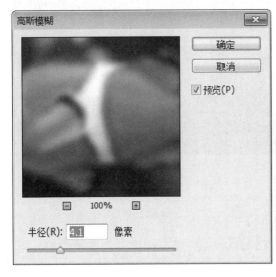

图 12-29

图 12-30

12.3.5　模糊与进一步模糊

　　【模糊】与【进一步模糊】滤镜都是对图像进行轻微模糊的滤镜，它们可以在图像中有显著颜色变化的地方消除杂色。其中【模糊】滤镜对于边缘过于清晰、对比度过于强烈的区域进行光滑处理，生成极轻微的模糊效果；【进一步模糊】滤镜所产生的模糊效果要比【模糊】滤镜强 3～4 倍。这两个滤镜都没有对话框。

12.3.6　径向模糊

　　【径向模糊】滤镜可以模拟缩放或旋转的相机所产生的模糊效果，如图 12-31 和图 12-32 所示。

- 【模糊方法】区域：选中【旋转】单选按钮时，图像会沿同心圆环线产生旋转的模糊效果；选中【缩放】单选按钮时，则会产生放射状模糊效果。
- 【中心模糊】区域：在该设置框内单击，可以将单击点定义为模糊的原点，原点位置不同，模糊中心也不相同。
- 【数量】文本框：用来设置模糊的强度，该值越高，模糊效果越强烈。
- 【品质】区域：用来设置应用模糊新效果后图像的显示品质。选中【草图】单选按钮，处理的速度最快，但会产生颗粒状效果；选中【好】或【最好】单选按钮，都可以产生较为平滑的效果，但除非在较大的图像上，否则看不出这两种品质的区别。

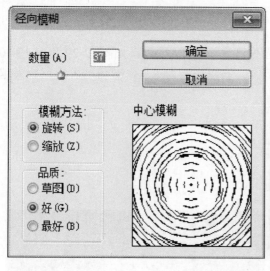

图 12-31   图 12-32

12.3.7　平均

　　【平均】滤镜可以查找图像的平均颜色,然后以该颜色填充图像,创建平滑的外观,如图 12-33 和图 12-34 所示。该滤镜无对话框。

图 12-33   图 12-34

12.3.8　特殊模糊

　　【特殊模糊】滤镜提供了半径、阈值和模糊品质等设置选项,可以精确地模糊图像。图 12-35 所示为原图,图 12-36 所示为【特殊模糊】对话框,图 12-37 所示为效果图。
- 　　【半径】文本框:设置模糊的范围,该值越高,模糊效果越明显。
- 　　【阈值】文本框:确定小像素具有多大差异后才会被模糊处理。

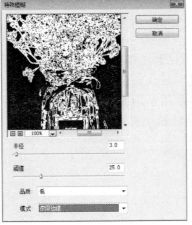

图 12-35   图 12-36   图 12-37

- 【品质】下拉列表框：可以设置图像的品质。
- 【模式】下拉列表框：在该下拉列表框中可以选择产生模糊效果的模式。在【正常】模式下，不会添加特殊效果；在【仅限边缘】模式下，会以黑色显示图像，以白色描绘出图像边缘像素亮度值变化强烈的区域；在【叠加边缘】模式下，则以白色描绘出图像边缘像素亮度值变化强烈的区域。

12.3.9   形状模糊

【形状模糊】滤镜可使用指定的形状创建特殊的模糊效果，如图 12-38 和图 12-39 所示。

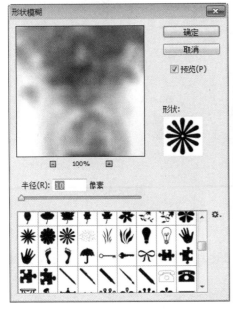

图 12-38   图 12-39

- 【半径】文本框：用来设置形状的大小，该值越高，模糊效果越好。
- 【形状】列表：单击列表中的一个形状，即可使用该形状模糊图像。

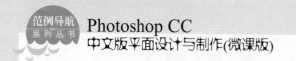

12.3.10　锐化边缘与 USM 锐化

【锐化边缘】与【USM 锐化】滤镜都可以查找图像中颜色发生显著变化的区域，然后将其锐化。【锐化边缘】滤镜只锐化图像的边缘，同时保留总体的平滑度。【USM 锐化】滤镜则是提供了选项，图 12-40 所示为原图，图 12-41 所示为【USM 锐化】对话框。对于专业的色彩矫正，可以使用该滤镜调整边缘细节的对比度。这两个滤镜的效果如图 12-42 和图 12-43 所示。

图 12-40　　　　　　　　　　　　　　　图 12-41

图 12-42　　　　　　　　　　　　图 12-43

- 【数量】文本框：用来设置锐化强度。该值越高，锐化效果越明显。
- 【半径】文本框：用来设置锐化的范围。
- 【阈值】文本框：只有相邻像素间的差值达到 giant 值所设定的范围时才会被锐化，因此，该值越高，被锐化的像素就越少。

12.3.11　锐化与进一步锐化

【锐化】滤镜通过增加像素间的对比度使图像变得清晰，锐化效果不是很明显。【进一步锐化】比【锐化】滤镜的效果强烈些，相当于应用了 2～3 次【锐化】滤镜。

扭曲滤镜

【扭曲】滤镜组中包含 12 种滤镜，可以对图像进行几何扭曲、创建 3D 或其他效果。在处理图像时，这些滤镜会占用大量内存，如果文件较大，可以先在小尺寸的图像上试验。本节将重点介绍【扭曲】滤镜方面的知识。

12.4.1 波浪

【波浪】滤镜可以在图像上创建波状起伏的团，生成波浪效果。图 12-44 所示为原图像，图 12-45 所示为【波浪】对话框，图 12-46 所示为效果图。

图 12-44

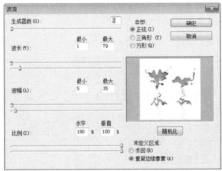

图 12-45

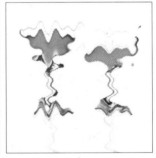

图 12-46

- 【生成器数】文本框：用来设置产生波纹效果的震源总数。
- 【波长】文本框：用来设置相邻两个波峰的水平距离，它分为最小波长和最大波长两部分，最小波长不能超过最大波长。
- 【波幅】文本框：用来设置最大和最小的波幅，其中最小波幅不能超过最大波幅。
- 【比例】文本框：用来控制水平方向和垂直方向的波动幅度。
- 【类型】区域：用来设置波浪的形态，包括【正弦】、【三角形】和【方形】。
- 【随机化】按钮：单击该按钮可随机改变在前面设定的波浪效果。如果对当前产生的效果不满意，可单击此按钮，生成新的波浪效果。
- 【未定义区域】区域：用来设置如何处理图像中出现的空白区域，选中【折回】单选按钮，可在空白区域填入溢出的内容；选中【重复边缘像素】单选按钮，可填入扭曲边缘的像素颜色。

12.4.2 波纹

【波纹】滤镜与【波浪】滤镜的工作方式相同，但提供的选项较少，因而只能控制波纹的数量和波纹大小，如图 12-47 和图 12-48 所示。

第 12 章 滤镜的应用

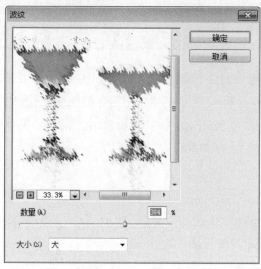

图 12-47

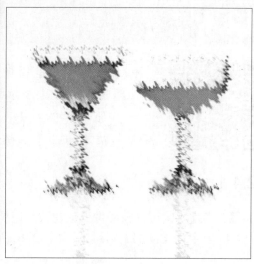

图 12-48

12.4.3　玻璃

【玻璃】滤镜可以制作细小的纹理，使图像看起来像是透过不同类型的玻璃观察的，如图 12-49 和图 12-50 所示。

图 12-49

图 12-50

- 【扭曲度】文本框：用来设置扭曲效果的强度，该值越高，图像的扭曲效果越强烈。
- 【平滑度】文本框：用来设置扭曲效果的平滑程度，该值越低，扭曲的纹理越细小。
- 【纹理】下拉列表框：在该下拉列表框中可以选择扭曲时产生的纹理，包括【块状】、【画布】、【磨砂】和【小镜头】选项。
- 【缩放】文本框：用来设置纹理的缩放程度。
- 【反相】复选框：勾选该复选框，可以翻转纹理凹凸方向。

12.4.4　海洋波纹

【海洋波纹】滤镜可以将随机分割的波纹添加到图像表面，它产生的波纹细小，边缘有较多抖动，使图像看起来就像是在水下面，如图 12-51 和图 12-52 所示。

图 12-51　　　　　　　　　　　　　图 12-52

- 【波纹大小】文本框：控制图像中产生波纹的大小。
- 【波纹幅度】文本框：控制波纹的变形程度。

12.4.5　极坐标

【极坐标】滤镜可以将图像从平面坐标转换为极坐标，或者从极坐标转换为平面坐标。使用该滤镜可以创建 18 世纪流行的曲面扭曲效果，如图 12-53 和图 12-54 所示。

图 12-53　　　　　　　　　　　　　图 12-54

12.4.6　挤压

【挤压】滤镜可以将整个图像或选区内的图像向内或向外挤压，如图 12-55 和图 12-56 所示，【数量】文本框用于控制挤压程度，负值图像向外凸出。

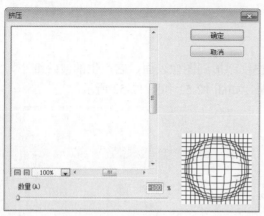

图 12-55

图 12-56

12.4.7　切变

　　【切变】滤镜是比较灵活的滤镜，可以按照自己设定的曲线来扭曲图像。图 12-57 所示为原图。打开【切变】对话框以后，如图 12-58 所示，在曲线上单击可以添加滤镜控制点，通过拖曳控制点改变曲线的形状即可扭曲图像，效果如图 12-59 所示。如果要删除某个控制点，将它拖至对话框外即可。单击【默认】按钮，则可将曲线恢复到初始的直线状态。

图 12-57

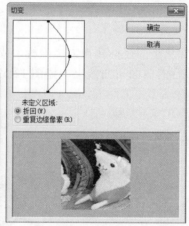

图 12-58

图 12-59

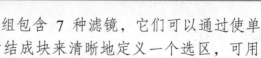

Section 12.5　像素化滤镜

手机扫描下方二维码，观看本节视频课程

　　【像素化】滤镜组包含 7 种滤镜，它们可以通过使单元格中颜色值相近的像素结成块来清晰地定义一个选区，可用于创建彩块、点状、晶格和马赛克等特殊效果。本节将介绍【像素化】滤镜方面的知识。

12.5.1 马赛克

【马赛克】滤镜可以使像素结为方形块，再给块中的像素应用平均的颜色，创建马赛克效果。如图 12-60 所示为原图，使用该滤镜时，可通过【单元格大小】选项调整马赛克的大小，如图 12-61 所示，效果如图 12-62 所示。如果在图像中创建一个选区，再应用该滤镜，则可以生成电视中的马赛克画面效果。

图 12-60

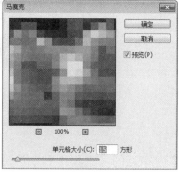

图 12-61

图 12-62

12.5.2 彩块化

【彩块化】滤镜可以使纯色或相近颜色的像素结成像素块。使用该滤镜处理扫描的图像时，可以使其看起来像手绘的图像，也可以使现实主义图像产生类似抽象派的绘画效果，如图 12-63 所示。

图 12-63

12.5.3 彩色半调

【彩色半调】滤镜可以使图像变为网点状效果。它先将图像的每个通道划分出矩形区域，再以和矩形区域亮度成比例的圆形替代这些矩形，圆形的大小与矩形的亮度成比例，高光部分生成的网点较小，阴影部分生成的网点较大，如图 12-64 和图 12-65 所示。

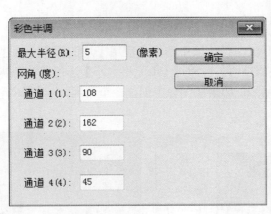

图 12-64   图 12-65

12.5.4 晶格化

【晶格化】滤镜可以使图像中相近的像素集中到多边形色块中，产生类似结晶的颗粒效果。使用该滤镜时，可通过【单元格大小】选项来控制多边形色块的大小，如图 12-66 和图 12-67 所示。

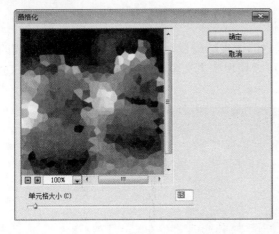

图 12-66   图 12-67

12.5.5 点状化

【点状化】滤镜可以将图像中的颜色分散为随机分布的网点，如同点状绘画效果，背景色将作为网点之间的画布区域。使用该滤镜时，可通过【单元格大小】选项来控制网点的大小，如图 12-68 和图 12-69 所示。

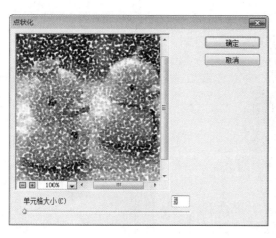

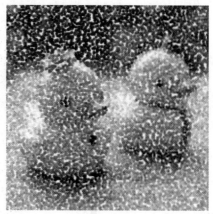

图 12-68   图 12-69

Section 12.6 渲染滤镜

手机扫描下方二维码，观看本节视频课程

【渲染】滤镜组中包含 5 种滤镜，这些滤镜可以在图像中创建灯光效果、3D 形状、云彩图案、折射图案和模拟的光反射，是非常重要的特效制作滤镜。本节将详细介绍使用渲染滤镜制作特殊效果的操作。

12.6.1 分层云彩

【分层云彩】滤镜可以将云彩数据和现有的像素混合，其方式与【差值】混合模式颜色的使用方式相同。第一次使用滤镜时，图像的某些部分被反相为云彩图案，多次应用滤镜后，就会创建出与大理石纹理相似的凸缘与叶脉图案，如图 12-70 所示。

图 12-70

12.6.2 镜头光晕

【镜头光晕】滤镜可以模拟亮光照射到相机镜头所产生的折射，常用来表现玻璃、金

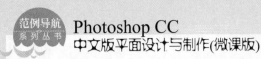
属等反射的反射光，或用来增强日光和灯光效果。图 12-71 所示为原图，图 12-72 所示为【镜头光晕】对话框，图 12-73 所示为效果图。

图 12-71   图 12-72   图 12-73

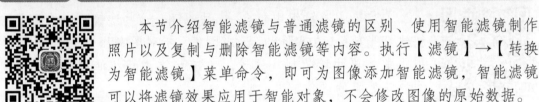

Section 12.7   智能滤镜

手机扫描下方二维码，观看本节视频课程

本节介绍智能滤镜与普通滤镜的区别、使用智能滤镜制作照片以及复制与删除智能滤镜等内容。执行【滤镜】→【转换为智能滤镜】菜单命令，即可为图像添加智能滤镜，智能滤镜可以将滤镜效果应用于智能对象，不会修改图像的原始数据。

12.7.1   智能滤镜与普通滤镜的区别

在默认情况下，用滤镜编辑图像时会修改像素，智能滤镜可以将滤镜效果应用于智能对象，但不会修改图像的原始数据。智能滤镜包含一个类似于图层样式的列表，列表中显示了使用的滤镜，只要单击智能滤镜前面的眼睛图标，将滤镜隐藏或将其删除，即可恢复原始图像，如图 12-74 所示。

图 12-74

12.7.2 使用智能滤镜制作照片

使用智能滤镜制作照片的方法非常简单。下面详细介绍使用智能滤镜制作照片的操作方法。

 1 打开名为 12 的图像，如图 12-75 所示。

图 12-75

3 按 Ctrl+J 组合键复制图层，设置前景色为蓝色(91、187、201)，执行【滤镜】→【素描】→【半调图案】菜单命令，打开【滤镜库】对话框，设置参数，如图 12-77 所示。

图 12-77

2 执行【滤镜】→【转换为智能滤镜】菜单命令，弹出一个提示框，单击【确定】按钮，将背景图层转换为智能对象，如图 12-76 所示。

图 12-76

4 单击【确定】按钮，智能对象已经应用了滤镜，如图 12-78 所示。

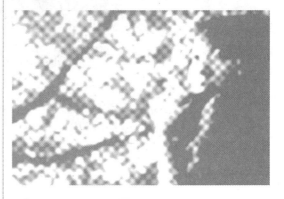

图 12-78

12.7.3 复制与删除智能滤镜

在【图层】面板中，按住 Alt 键，将智能滤镜从一个智能对象拖曳到另一个智能对象上，或拖曳到智能滤镜列表中的新位置，放开鼠标后可复制智能滤镜；如果要复制所有智能滤镜，可按住 Alt 键并拖曳至智能对象图层旁边出现的智能滤镜图标上。

如果要删除单个智能滤镜，可以将其拖曳到【图层】面板中的【删除图层】按钮上；如果要删除应用于智能对象的所有智能滤镜，可以选择该智能对象图层，执行【图层】→

第12章 滤镜的应用

291

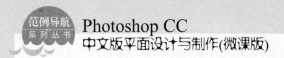

【智能滤镜】→【清除智能滤镜】菜单命令。

Section 12.8 范例应用与上机操作

手机扫描下方二维码，观看本节视频课程

　　本节将侧重介绍和讲解与本章知识点有关的范例应用及技巧，主要包括使用【便条纸】滤镜制作特殊效果、使用【龟裂缝】滤镜制作特殊效果等内容。通过范例应用可帮助用户更好地掌握滤镜的使用方法。

12.8.1　使用【便条纸】滤镜制作特殊效果

　　【便条纸】滤镜可以简化图像，创建像是用手工制作的纸张构建的图像。下面介绍使用【便条纸】滤镜的方法。

素材文件❀ 第 12 章\素材文件\13.jpeg
效果文件❀ 第 12 章\效果文件\13.jpg

 打开名为 13 的图像，如图 12-79 所示。

图 12-79

 执行【滤镜】→【素描】→【便条纸】菜单命令，弹出【滤镜库】对话框，设置参数，如图 12-80 所示。

图 12-80

单击【确定】按钮，可以看到图像已经应用了【便条纸】滤镜，如图 12-81 所示。

图 12-81

12.8.2 使用【龟裂缝】滤镜制作特殊效果

　　【龟裂缝】滤镜可以将图像绘制在一个高凸现的石膏表面上，以循着图像等高线生成精细的网状裂缝。

素材文件※ 第 12 章\素材文件\14.jpg

效果文件※ 第 12 章\效果文件\14.jpg

step 1　打开名为 14 的图像，如图 12-82 所示。

图 12-82

step 3　单击【确定】按钮，可以看到图像已经应用了【龟裂缝】滤镜，如图 12-84 所示。

step 2　执行【滤镜】→【纹理】→【龟裂缝】菜单命令，弹出【滤镜库】对话框，设置参数，如图 12-83 所示。

图 12-83

图 12-84

第 12 章　滤镜的应用

Section 12.9　本章小结与课后练习

本节内容无视频课程

　　本节主要介绍了滤镜的原理、风格化滤镜、模糊滤镜、锐化滤镜、扭曲滤镜、像素化滤镜、渲染滤镜、智能滤镜等内容。学习本章内容后，读者可以掌握使用滤镜的方法，为进一步使用软件制作图像奠定了基础。

12.9.1　思考与练习

1. 填空题

(1) 滤镜本身是一种_____，摄影师将其安装在照相机的镜头前面，用于改变光源的色温,以符合摄影的目的及制作特殊效果的需要。Photoshop 滤镜是一种_____,能够操纵图像中的像素,通过改变像素的位置或颜色来生成特效。

(2) 只有_____滤镜可以应用在没有像素的区域,其他滤镜都必须应用在包含像素的区域;否则不能使用这些滤镜。但外挂滤镜除外。

2. 判断题

(1) 滤镜的处理效果是以像素为单位进行计算的,因此,相同的参数处理不同分辨率的图像,其效果也会有所不同。   (   )

(2) 使用滤镜处理某一图层中的图像时,需要选择该图层,图层不一定是可见的。
                                                                    (   )

3. 思考题

(1) 如何使用【查找边缘】滤镜?
(2) 如何使用【极坐标】滤镜?

12.9.2 上机操作

(1) 通过本章的学习,读者基本可以掌握使用渲染滤镜的知识,下面通过练习为图像添加【镜头光晕】滤镜,以达到巩固与提高的目的。

(2) 通过本章的学习,读者基本可以掌握使用模糊滤镜的知识,下面通过练习为图像添加【动感模糊】滤镜,以达到巩固与提高的目的。

第 **13** 章

动作与任务自动化

本章主要介绍动作方面的知识与技巧，同时讲解如何批处理文件和图像编辑自动化。通过本章的学习，读者可以掌握动作和任务自动化方面的知识，为深入学习 Photoshop CC 知识奠定基础。

本 章 要 点

1. 动作
2. 批处理和图像编辑自动化

动作

手机扫描下方二维码，观看本节视频课程

　　动作是用于处理单个文件或一批文件的一系列命令。在Photoshop中，用户可以通过动作将图像的处理过程记录下来，以后对其他图像进行相同的处理时，执行该动作便可以自动完成操作任务。本节将介绍动作基本原理方面的知识。

13.1.1 【动作】面板

　　在 Photoshop CC 中，【动作】面板用于执行对动作的编辑操作，如创建和修改动作等，在【窗口】主菜单中，选择【动作】命令即可显示【动作】面板，如图 13-1 所示。

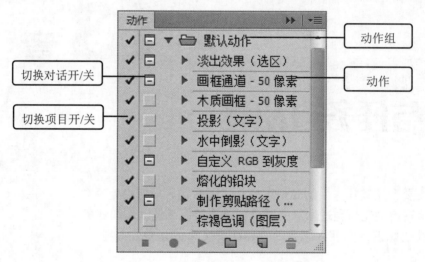

图 13-1

- 动作组/动作/已记录的命令：动作组是一系列动作的集合，动作是一系列操作命令的集合，单击向下箭头按钮，可以展开命令列表，显示命令的具体参数。
- 切换项目开/关：如果目前的动作组、动作和已记录的命令中显示✔标志，表示这个动作组、动作和已记录的命令可以执行；如果无该标志，则动作组和已记录的命令不能执行，如果某一命令前有该标志，表示该命令不能执行。
- 切换对话开/关：如果该命令前有☐标志，表示动作执行到该命令时暂停，并打开相应命令的对话框，可以修改相应命令的参数，单击【确定】按钮可以继续执行后面的动作；如果动作组和动作前出现该标志，并显示为红色，则表示该动作中有部分命令设置了暂停。
- 【停止播放/记录】按钮■：用来停止播放动作和停止记录动作。
- 【开始记录】按钮●：单击该按钮可以进行录制动作操作。
- 【播放选定的动作】按钮▶：选择一个动作后，单击该按钮可播放该动作。

- 【创建新组】按钮 ▢：单击该按钮，将创建一个新的动作组。
- 【创建新动作】按钮 ▢：单击该按钮，可以创建一个新动作。
- 【删除动作】按钮 🗑：单击该按钮将删除动作组、动作和已记录的命令。

13.1.2 录制与应用动作

在 Photoshop CC 中处理图像时，如果经常使用动作，用户可以将该动作进行录制，这样可以方便日后重复使用。下面介绍录制新动作的方法。

 打开名为 1 的图像，如图 13-2 所示。

图 13-2

 单击【创建新动作】按钮 ▢，打开【新建动作】对话框，设置参数，单击【记录】按钮，如图 13-4 所示。

图 13-4

 打开【动作】面板，单击【创建新组】按钮 ▢，打开【新建组】对话框，输入名称，单击【确定】按钮，新建一个动作组，图 13-3 所示。

图 13-3

 开始录制动作，此时面板中的【开始记录】按钮会变为红色，如图 13-5 所示。

图 13-5

按 Ctrl+M 组合键，打开【曲线】对话框，① 在【预设】下拉列表框中选择【反冲】选项，② 单击【确定】按钮，如图 13-6 所示。

 该命令已经记录为动作，如图 13-7 所示。

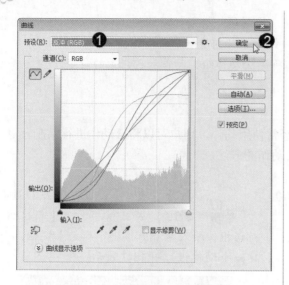

图 13-6

 7 图像效果如图 13-8 所示。

图 13-8

 9 打开名为 2 的图像,在【动作】面板中选择"曲线调整"动作,单击【播放选定的动作】按钮 ▶,如图 13-10 所示。

图 13-10

图 13-7

 8 按 Shift+Ctrl+S 组合键,将文件另存。单击【动作】面板中的【结束录制】按钮 ■,完成动作的录制,如图 13-9 所示。

图 13-9

 10 经过动作处理的图像效果如图 13-11 所示。

图 13-11

选择一个动作，单击【播放选定的动作】按钮，可按照顺序播放该动作中的所有命令；在动作中选择一个命令，单击【播放选定的动作】按钮，可以播放该命令及后面的命令，它之前的命令不会播放；按住 Ctrl 键双击面板中的一个命令，可单独播放该命令。

13.1.3　指定回放速度

执行【动作】面板菜单中的【回放选项】命令，如图 13-12 所示，打开【回放选项】对话框，如图 13-13 所示。在该对话框中可以设置动作的播放速度或者将其暂停，以便对动作进行调试。

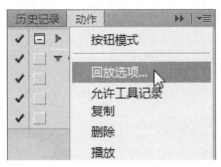

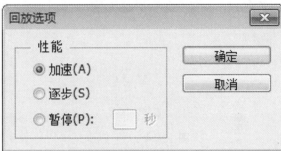

图 13-12　　　　　　　　　　　　　　　　图 13-13

- 【加速】单选按钮：默认选项，以正常的速度播放动作。
- 【逐步】单选按钮：显示每个命令的处理结果，然后再转入下一个命令，动作的播放速度较慢。
- 【暂停】单选按钮：单击该按钮并输入时间，可指定播放动作时各命令的间隔时间。

13.1.4　删除动作和动作组

在【动作】面板中，将动作或命令拖至【删除动作】按钮 上，可将其删除，执行面板菜单中的【清除全部动作】命令，则会删除所有动作。如果需要将面板恢复为默认的动作，可以执行面板菜单中的【复位动作】命令。

批处理是指将动作应用于目标文件，帮助用户完成大量的、重复性的操作以节省时间，提高工作效率，并实现图像处理的自动化。本节将详细介绍批处理与图像编辑自动化方面的知识。

第13章　动作与任务自动化

13.2.1 批处理文件

在进行批处理之前,首先应将需要批处理的文件保存在一个文件夹中。下面详细介绍批处理图像文件的方法。本小节使用 13.1.2 小节录制的动作。

 step 1 执行【文件】→【自动】→【批处理】菜单命令,打开【批处理】对话框,在【源】区域单击【选择】按钮,如图 13-14 所示。

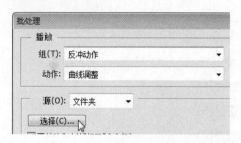

图 13-14

step 3 返回【批处理】对话框,① 在【目标】下拉列表框中选择【文件夹】选项,② 单击【选择】按钮,如图 13-16 所示。

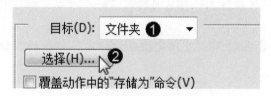

图 13-16

step 5 返回【批处理】对话框,单击【确定】按钮,即可完成批处理文件的操作。打开文件保存的文件夹,即可查看批处理效果,如图 13-18 所示。

图 13-18

step 2 弹出【浏览文件夹】对话框,① 选择准备进行批处理的文件所在位置,② 单击【确定】按钮,如图 13-15 所示。

图 13-15

step 4 弹出【浏览文件夹】对话框,① 选择处理后的文件保存位置,② 单击【确定】按钮,如图 13-17 所示。

图 13-17

13.2.2　创建快捷批处理程序

快捷批处理是一个能够快速完成批处理的小应用程序，它可以简化批处理操作的过程。下面详细介绍创建一个快捷批处理程序的方法。

step 1 ① 单击【文件】菜单，② 选择【自动】命令，③ 选择【创建快捷批处理】子命令，如图 13-19 所示。

图 13-19

step 3 弹出【另存为】对话框，① 选择存储位置，② 单击【保存】按钮，如图 13-21 所示。

图 13-21

step 5 单击【确定】按钮。打开文件保存的位置，即可在该文件夹中看到创建的快捷批处理文件，如图 13-23 所示。

step 2 弹出【创建快捷批处理】对话框，在【将快捷批处理存储为】区域单击【选择】按钮，如图 13-20 所示。

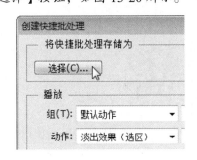

图 13-20

step 4 返回【创建快捷批处理】对话框，在【播放】区域下的【组】下拉列表框中选择准备应用的动作，如图 13-22 所示。

图 13-22

图 13-23

第13章　动作与任务自动化

在创建好快捷批处理文件之后，要想使用快捷批处理，只需在资源管理器中将图像文件或包含图像的文件夹拖曳到快捷批处理程序图标上即可，如果Photoshop CC 当前没有运行，快捷批处理将启动它。

Section 13.3 范例应用与上机操作

手机扫描下方二维码，观看本节视频课程

本节将侧重介绍和讲解与本章知识点有关的范例应用及技巧，主要包括通过批处理为照片贴 Logo、在动作中插入路径和在动作中插入菜单项目等内容。通过范例应用可帮助用户更好地掌握动作的使用方法。

13.3.1 通过批处理为照片贴 Logo

用户可以使用 Photoshop 的动作功能，将 Logo 贴在照片上的操作过程记录下来，再通过批处理对其他照片播放这个动作，Photoshop 就会为每张照片都添加相同的 Logo。

素材文件❀ 第 13 章\素材文件\贴 Logo
效果文件❀ 第 13 章\效果文件\贴 Logo

Step 1 打开名为 1 的文件，在【图层】面板中选择背景图层，单击【删除图层】按钮，如图 13-24 所示。

图 13-24

Step 3 打开【动作】面板，创建动作组和动作。打开名为 2 的图像，执行【文件】→【置入】菜单命令，弹出【置入】对话框，选择刚刚保存的 Logo 文件，单击【置入】按钮，如图 13-26 所示。

Step 2 【图层】面板中只剩下 Logo 图层，执行【文件】→【存储为】菜单命令，将文件保存为名为 Logo 的 PSD 文件，然后关闭，如图 13-25 所示。

图 13-25

Step 4 文件已经置入 2 图像中，如图 13-27 所示。

图 13-26

step 5 执行【图层】→【拼合图像】菜单
命令，将图层合并，单击【动作】
面板底部的【停止记录】按钮，完成动作的
录制，如图 13-28 所示。

图 13-28

step 7 开始批处理。批处理后的图像效果
如图 13-30 所示。

图 13-30

图 13-27

step 6 执行【文件】→【自动】→【批处
理】菜单命令，弹出【批处理】对
话框，单击【源】选项组中的【选择】按钮，
在打开的对话框中选择要添加 Logo 的文件
夹；单击【目标】选项组中的【选择】按钮，
在打开的对话框中为处理后的照片指定保存
位置，单击【确定】按钮，如图 13-29 所示。

图 13-29

第13章 动作与任务自动化

303

13.3.2　在动作中插入路径

插入路径指的是将路径作为动作的一部分包含在动作内。插入的路径可以使用钢笔工具和形状工具创建的路径，或者是从 Illustrator 中粘贴的路径。

素材文件 第 13 章\素材文件\3.jpg

效果文件 第 13 章\效果文件\3.jpg

step 1　打开名为 3 的图像，如图 13-31 所示。

图 13-31

step 3　① 在【动作】面板中选择【USM 锐化】动作，② 执行面板菜单中的【插入路径】命令，如图 13-33 所示。

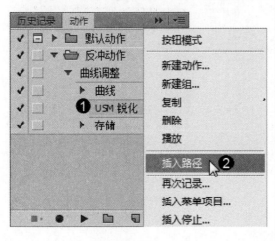

图 13-33

step 2　单击【自定形状工具】按钮，在工具选项栏中选择【路径】选项，在形状下拉面板中选择太极图形，在画面中绘制该图形，如图 13-32 所示。

图 13-32

step 4　可以看到，在【USM 锐化】动作下方已经插入了【设置 工作路径】动作，如图 13-34 所示。

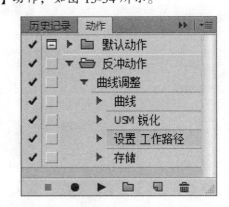

图 13-34

13.3.3　在动作中插入菜单项目

插入菜单项目是指在动作中插入菜单中的命令，这样就可以将许多不能录制的命令插入到动作组中，如绘画和色调工具，【视图】和【窗口】菜单中的命令。

素材文件 第 13 章\素材文件\3.jpg
效果文件 第 13 章\效果文件\3.jpg

step 1 ① 在【动作】面板中选择【USM 锐化】动作，② 执行面板菜单中的【插入菜单项目】命令，如图 13-35 所示。

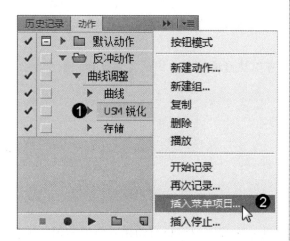

图 13-35

step 3 对话框出现"显示：网格"字样，单击【确定】按钮，如图 13-37 所示。

图 13-37

step 2 弹出【插入菜单项目】对话框，执行【视图】→【显示】→【网格】菜单命令，如图 13-36 所示。

图 13-36

step 4 通过以上步骤即可完成在动作面板中插入菜单项目的操作，如图 13-38 所示。

图 13-38

Section
13.4　本章小结与课后练习

本节内容无视频课程

本章主要介绍了【动作】面板、录制与应用动作、指定回放速度、删除动作和动作组、批处理文件、创建快捷批处理程序等内容。学习本章内容后，读者可以掌握动作与任务自动化的知识，为进一步使用软件制作图像奠定了基础。

第 13 章　动作与任务自动化

305

13.4.1　思考与练习

1. 填空题

(1) _____是一系列动作的集合，_____是一系列操作命令的集合。

(2) _____按钮用来停止播放动作和停止记录动作。

2. 判断题

(1) 在动作中选择一个命令，单击【播放选定的动作】按钮，可以播放该命令及后面的命令，它之前的命令不会播放。　　　　　　　　　　　　　　　　　　（　　）

(2) 如果需要将面板恢复为默认的动作，可以执行面板菜单中的【复位动作】命令。　　　　　　　　　　　　　　　　　　　　　　　　　　　　　　（　　）

3. 思考题

(1) 如何录制动作？

(2) 如何指定回放速度？

13.4.2　上机操作

(1) 通过本章的学习，读者基本可以掌握批处理和图像编辑自动化方面的知识，下面通过练习批处理文件，以达到巩固与提高的目的。

(2) 通过本章的学习，读者基本可以掌握动作方面的知识，下面通过练习在动作中插入路径，以达到巩固与提高的目的。

第14章

网页切片与输出

本章主要介绍创建与编辑切片方面的知识与技巧，同时讲解如何优化与输出图像。通过本章的学习，读者可以掌握网页切片与输出方面的知识，为深入学习 Photoshop CC 知识奠定基础。

1. 创建与编辑切片
2. 优化与输出图像

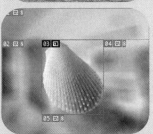

Section
14.1 创建与编辑切片

手机扫描下方二维码，观看本节视频课程

在制作网页时，通常要对页面进行分割，即制作切片。通过优化切片可以对分割的图像进行不同程度的压缩，以便减少图像的下载时间。另外，还可以为切片制作动画，链接到 URL 地址，或者使用它们制作翻转按钮。

14.1.1　网页切片概述

在 Photoshop 中存在两种切片，分别是"用户切片"和"基于图层的切片"。"用户切片"是使用切片工具创建的切片；而"基于图层的切片"是通过图层创建的切片。"用户切片"和"基于图层的切片"由实线定义，而自动切片则由虚线定义。创建新的切片时会生成附加的自动切片来占据图像的区域，自动切片可以填充图像中"用户切片"或"基于图层的切片"未定义的空间。每一次添加或编辑切片时，都会重新生成自动切片。

14.1.2　使用切片工具创建切片

在工具箱中单击【切片工具】按钮 ，在工具选项栏的【样式】下拉列表框中选择【正常】选项，在要创建切片的区域单击并拖出一个矩形框，如图 14-1 所示，放开鼠标创建一个用户切片，它以外的部分会生成自动切片，如图 14-2 所示。

图 14-1

图 14-2

图 14-3 所示为切片工具的选项栏。在【样式】下拉列表框中可以选择切片的创建方法，

包括【正常】、【固定长宽比】和【固定大小】选项。

图 14-3

- 【正常】选项：可通过拖动鼠标自由定义切片的大小。
- 【固定长宽比】选项：输入切片的长宽比并按 Enter 键，可以创建具有固定长宽比的切片。
- 【固定大小】选项：输入切片的高度和宽度值，然后在画面上单击，可创建指定大小的切片。

14.1.3　基于参考线创建切片

用户还可以基于参考线创建切片，基于参考线创建切片的方法非常简单。下面详细介绍基于参考线创建切片的方法。

 打开名为 2 的图像，按 Ctrl+R 组合键显示标尺，分别从水平标尺和垂直标尺上拖出参考线，定义切片的范围，如图 14-4 所示。

 单击【切片工具】按钮，在工具选项栏上单击【基于参考线的切片】按钮，即可基于参考线的划分方式创建切片，如图 14-5 所示。

图 14-4

图 14-5

14.1.4　基于图层创建切片

用户还可以基于图层创建切片，基于图层创建切片的方法非常简单。下面详细介绍基于图层创建切片的方法。

 打开名为 3 的图像，在【图层】面板中选择"图层 1"，如图 14-6 所示。

 具体设置如图 14-7 所示。

图 14-6

图 14-7

step 3 ① 单击【图层】菜单，② 选择
【新建基于图层的切片】命令，
如图 14-8 所示。

step 4 已经基于图层创建了切片，如图 14-9
所示。

图 14-8

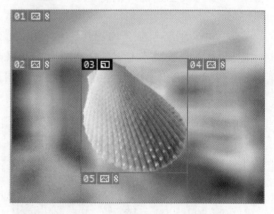

图 14-9

14.1.5 自动划分切片

在图像中创建切片后，单击工具箱中的【切片选择工具】按钮 ，在该工具的选项栏中单击 划分… 按钮，可以在打开的【划分切片】对话框中设置切片的划分方式，如图 14-10 和图 14-11 所示。

在【划分切片】对话框中，各选项的功能如下。

● 【水平划分为】复选框：勾选该复选框后，可在水平方向上划分切片。其包含两种划分方式，选中【个纵向切片，均匀分隔】单选按钮，可输入切片的划分数目；选中【像素/切片】单选按钮，可输入一个数值，基于指定数目的像素创建切片，如果按该像素数目无法平均划分切片，则会将剩余部分划分为另一个切片。

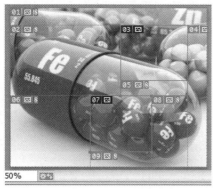

<table>
<tr><td>图 14-10</td><td>图 14-11</td></tr>
</table>

图 14-10   图 14-11

- 　【垂直划分为】复选框：勾选该复选框后，可在垂直方向上划分切片，它也包含两种划分方式，与【水平划分为】复选框相同。
- 　【预览】复选框：在画面中预览切片划分结果。

14.1.6　组合与删除切片

使用切片选择工具选择两个或更多的切片，如图 14-12 所示，右击，在弹出的快捷菜单中选择【组合切片】命令，可以将所选切片组合为一个切片，如图 14-13 和图 14-14 所示。

图 14-12   图 14-13

图 14-14

知识精讲

在创建切片后，为防止切片被意外修改，可以单击【视图】菜单，在弹出的下拉菜单中选择【锁定切片】命令，锁定所有切片。再次执行该命令可以取消锁定。

Section 14.2 优化与输出图像

手机扫描下方二维码，观看本节视频课程

创建切片后，需要对图像进行优化，以减小文件。在 Web 上发布图像时，较小的文件可以使 Web 服务器更加高效地存储和传输图像，用户则能够更快地下载图像。本节将介绍优化与输出图像方面的知识。

14.2.1 优化图像

执行【文件】→【存储为 Web 所用格式】菜单命令，打开【存储为 Web 所用格式】对话框，如图 14-15 所示，在该对话框中可以对图像进行优化。

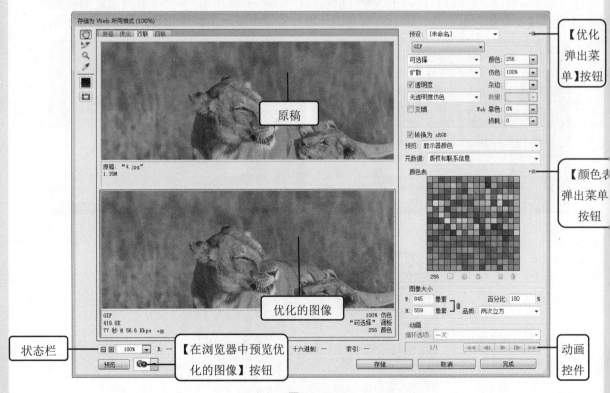

图 14-15

- 【显示选项】区域：单击【原稿】标签，可在窗口中显示没有优化的图像；单击【优化】标签，可在窗口中显示应用了当前优化设置的图像；单击【双联】标签，可并排显示图像的两个版本，即优化前和优化后的图像；单击【四联】标签，可并排显示图像的 4 个版本，通过对比可以找出最佳的优化方案。

- 【抓手工具】按钮 ：使用该工具可以移动查看图像。
- 【缩放工具】按钮 ：使用该工具可以放大图像的显示比例，按住 Alt 键单击则缩小显示比例。
- 【切片选择工具】按钮 ：当图像包含多个切片时，可使用该工具选择窗口中的切片，以便对其进行优化。
- 【吸管工具】按钮 ：使用吸管工具在图像中单击，可以拾取单击点的颜色，并显示在吸管颜色图标中。
- 【切换切片可视性】按钮 ：单击该按钮可以显示或者隐藏切片的定界框。
- 【优化弹出菜单】按钮 ：包含【存储设置】、【链接切片】和【编辑输出设置】等选项。
- 【颜色表弹出菜单】按钮 ：包含与颜色表有关的选项，可新建颜色、删除颜色以及对颜色进行排序等。
- 【转换为 sRGB】复选框：如果使用 sRGB 以外的嵌入颜色配置文件来优化图像，应勾选该复选框，将图像的颜色转换为 sRGB，然后再存储图像以便在 Web 上使用，这样可以确保在优化图像中看到的颜色与其他 Web 浏览器中颜色看起来相同。
- 【预览】下拉列表框：可以预览图像以不同的灰度系数值显示在系统中的效果，并对图像做出灰度系数调整以进行补偿。计算机显示器的灰度系数值会影响图像在 Web 浏览器中显示的明暗程度。
- 【元数据】下拉列表框：可以选择要与优化的文件一起存储的元数据。
- 颜色表：将图像优化为 GIF、PNG-8 和 WBMP 格式时，可在颜色表中对图像颜色进行优化设置。
- 【图像大小】区域：可以调整图像的宽度(W)和高度(H)，也可以通过百分比值进行优化设置。
- 状态栏：显示光标所在位置图像的颜色值等信息。
- 【在浏览器中预览优化的图像】按钮 ：单击该按钮，在系统上默认的 Web 浏览器中预览优化后的图像。预览窗口中会显示图像的题注，其中列出了图像的文件类型、像素尺寸、文件大小、压缩规格和其他 HTML 信息。如果要使用其他浏览器，需在此菜单中选择【其他】命令。

14.2.2 输出 Web 图形

优化 Web 图形后，还可以编辑输出设置，单击【存储为 Web 所用格式】对话框右上角的【优化弹出菜单】按钮，在弹出的下拉菜单中选择【编辑输出设置】命令，即可弹出【输出设置】对话框。在【输出设置】对话框中可以控制如何设置 HTML 文件的格式、如何命名文件和切片，以及在存储优化图像时如何处理背景图像等，如图 14-16 和图 14-17 所示。

直接在该对话框中单击【确定】按钮，即可使用默认的输出设置，也可以选择其他预设进行输出。

图 14-16

图 14-17

Section 14.3 范例应用与上机操作

手机扫描下方二维码，观看本节视频课程

　　本节将侧重介绍和讲解与本章知识点有关的范例应用及技巧，主要包括将图像优化为 GIF 和 PNG-8 格式、将图像优化为 JPEG 格式等内容。通过范例应用帮助用户更好地掌握图像优化的方法。

14.3.1　将图像优化为 GIF 和 PNG-8 格式

　　GIF 是用于压缩具有单调颜色和清晰细节的图像标准格式，它是一种无损的压缩格式。PNG-8 格式与 GIF 格式一样，也可以有效地压缩纯色区域，同时保留清晰的细节。这两种格式都支持 8 位颜色，因此可以显示 256 种颜色。在【存储为 Web 所用格式】对话框中的【文件格式】下拉列表框中可以选择这两种格式，如图 14-18 和图 14-19 所示。

- 【降低颜色深度算法】下拉列表框/【颜色】下拉列表框：指定用于生成颜色查找表的方法，以及想要在颜色查找表中使用的颜色数量。
- 【仿色算法】下拉列表框/【仿色】下拉列表框：仿色是指通过模拟计算机的颜色来显示系统中未提供的颜色的方法。较高的仿色百分比会使图像中出现更多的颜色和细节，但也会增加文件占用的存储空间。
- 【透明度】复选框：确定如何优化图像中的透明像素。
- 【交错】复选框：当图像正在下载时，在浏览器中显示图像的低分辨率版本，使用户感觉下载时间更短，但这会增大文件。
- 【Web 靠色】下拉列表框：指定将颜色转换为最接近的 Web 面板等效颜色的容差级别。该值越高，转换的颜色越多。

图 14-18   图 14-19

- 【损耗】下拉列表框：通过有选择地扔掉数据来减小文件，可以将文件减小 5%～ 40%。通常情况下，应用 5～10 的损耗值不会对图像产生太大影响，数值较高时，文件虽然会更小，但图像的品质会变差。

14.3.2 将图像优化为 JPEG 格式

JPEG 是用于压缩连续色调图像的标准格式。将图像优化为 JPEG 格式时采用的是有损压缩，它会有选择性地扔掉数据以减小文件，如图 14-20 所示。

- 【压缩品质】/【品质】下拉列表框：用来设置压缩程度，品质设置越高，图像的细节越多，但生成的文件也越大。
- 【连续】复选框：在 Web 浏览器中以渐进方式显示图像。
- 【优化】复选框：创建尺寸稍小的 JPEG 文件。如果要最大限度地压缩文件，建议使用优化的 JPEG 格式。
- 【嵌入颜色配置文件】复选框：在优化文件中保存颜色配置文件。某些浏览器会使用颜色配置文件进行颜色校正。
- 【模糊】下拉列表框：指定应用于图像的模糊量。可创建与【高斯模糊】滤镜相同的效果，并允许进一步压缩文件以获得更小的文件。建议使用 0.1～0.5 的设置。
- 【杂边】下拉列表框：为原始图像中透明的像素指定一个填充颜色。

图 14-20

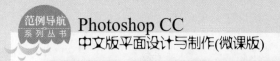

本章主要介绍了网页切片的含义、使用切片工具创建切片、基于参考线创建切片、基于图层创建切片、自动划分切片、组合与删除切片、优化图像与输出 Web 图形等内容。通过范例应用帮助用户更好地掌握网页切片与输出的方法。

14.4.1　思考与练习

1. 填空题

(1) 在 Photoshop 中存在两种切片，分别是_____和_____。

(2) 将图像优化为 JPEG 格式时采用的是_____压缩，它会有选择性地扔掉数据以减小文件。

2. 判断题

(1) JPEG 是用于压缩具有单调颜色和清晰细节的图像的标准格式，它是一种无损的压缩格式。　　　　　　　　　　　　　　　　　　　　　　　　　　　　　(　)

(2) "用户切片"和"基于图层的切片"由实线定义，而自动切片则由虚线定义。

　　　　　　　　　　　　　　　　　　　　　　　　　　　　　　　　　　(　)

3. 思考题

(1) 如何创建切片？

(2) 如何基于参考线创建切片？

14.4.2　上机操作

(1) 通过本章的学习，读者基本可以掌握优化与输出图像方面的知识，下面通过练习将图像优化为 JPEG 格式，以达到巩固与提高的目的。

(2) 通过本章的学习，读者基本可以掌握创建与编辑切片方面的知识，下面通过练习基于图层创建切片，以达到巩固与提高的目的。

第 **15** 章

图像设计与制作案例解析

本章主要介绍制作超现实风格海报与婚纱摄影图像修饰方面的知识及技巧，同时讲解如何制作创意地球标识。通过本章的学习，读者可以掌握图像设计与制作方面的知识，为深入学习 Photoshop CC 知识奠定基础。

本 章 要 点

1. 超现实风格海报设计

2. 婚纱摄影图像修饰

3. 制作创意地球标识

超现实风格海报设计

手机扫描下方二维码，观看本节视频课程

海报制作是 Photoshop CC 应用最为广泛的一个领域，本节将详细介绍使用 Photoshop CC 的混合模式与蒙版等相关知识制作一个超现实风格的"隐形吉他手"海报。本案例主要通过图像合成与创意设计来实现。

素材文件 ※ 第 15 章\素材文件\1.JPG、2.JPG
效果文件 ※ 第 15 章\效果文件\海报.JPG

step 1 打开名为 1 和 2 的图像素材，使用移动工具将 2 素材拖入 1 素材中，如图 15-1 所示。

图 15-1

step 3 复制"背景"图层，如图 15-3 所示。

图 15-3

step 2 设置"图层 1"的【混合模式】为【变暗】，效果如图 15-2 所示。

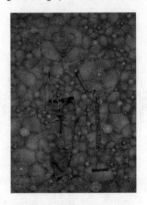

图 15-2

step 4 使用快速选择工具选取人物帽子、牛仔裤和吉他，如图 15-4 所示。

图 15-4

step 5 单击【图层】面板底部的【添加图层蒙版】按钮，基于选区创建蒙版，将选区以外的图像隐藏，如图 15-5 所示。

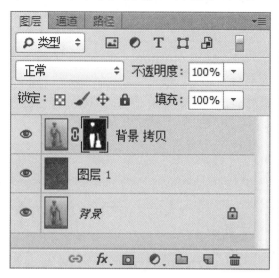

图 15-5

step 7 创建"色阶"调整图层，设置参数，如图 15-7 所示。

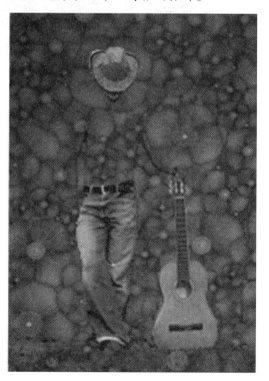

图 15-7

step 6 得到的效果如图 15-6 所示。

图 15-6

step 8 得到的效果如图 15-8 所示。通过以上步骤即可完成制作超现实风格的"隐形吉他手"海报的操作。

图 15-8

Section 15.2 婚纱摄影图像修饰

手机扫描下方二维码，观看本节视频课程

影楼婚纱摄影后期处理也是 Photoshop CC 的重要应用领域，婚纱摄影后期一般需要调整图像的色调、明暗以及抠图以匹配不同的背景。本案例将详细介绍使用通道抠取人物图像并使用调整图层调整图像明暗的操作。

素材文件 第15章\素材文件\3.JPG、4.JPG
效果文件 第15章\效果文件\婚纱.JPG

 step 1 打开名为3的图像素材，在【路径】面板中选择"路径1"路径，单击【将路径作为选区载入】按钮，如图 15-9 所示。

图 15-9

step 3 单击【通道】面板中的 按钮，如图 15-11 所示。

 step 2 载入选区效果如图 15-10 所示。

图 15-10

 step 4 将"蓝"通道拖曳到【创建新通道】按钮上复制，如图 15-12 所示。

图 15-11

图 15-12

step 5　使用快速选择工具选取人物，如图 15-13 所示。

图 15-13

step 7　为选区填充黑色，并取消选区，如图 15-15 所示。

图 15-15

step 9　得到一个新通道 Alpha2，如图 15-17 所示。

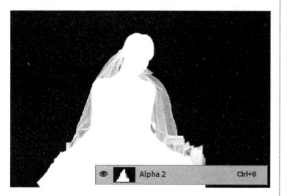

图 15-17

step 6　执行【选择】→【反向】菜单命令，反选选区，如图 15-14 所示。

图 15-14

step 8　执行【图像】→【计算】菜单命令，让"蓝 拷贝"通道与 Alpha1 通道采用【相加】模式混合，如图 15-16 所示。

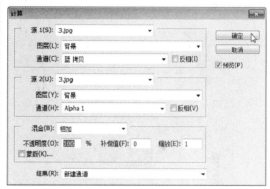

图 15-16

step 10　单击【通道】面板底部的 按钮，载入婚纱的选区，按 Ctrl+2 组合键显示彩色图像，如图 15-18 所示。

图 15-18

打开名为 4 的图像,将抠出的婚纱图像拖入 4 素材中,如图 15-19 所示。

图 15-19

 按 Ctrl+I 组合键将蒙版反相,使用画笔工具在头纱上涂抹白色,使头纱变亮,如图 15-21 所示。

图 15-21

 头纱部分还有些暗,可以通过【曲线】调整图层调亮图像,如图 15-20 所示。

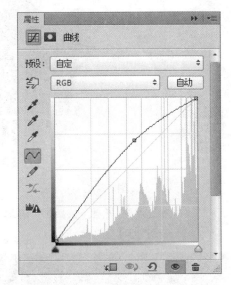

图 15-20

 图像效果如图 15-22 所示。

图 15-22

Section 15.3 制作创意地球标识

手机扫描下方二维码,观看本节视频课程

在平面广告设计中,地球或球体往往是经常被使用的元素,本案例将通过使用 Photoshop CC 的【图像大小】命令、【极坐标】滤镜以及混合模式等知识来完成制作创意地球标识的操作。熟练掌握【极坐标】滤镜可以制作出很多特效。

素材文件 ❀ 第15章\素材文件\5.JPG、6.JPG

效果文件 ❀ 第15章\效果文件\地球.JPG

step 1 打开名为 5 的图像，如图 15-23 所示。

图 15-23

step 3 执行【图像】→【图像旋转】→【180 度】菜单命令，将图像旋转180°，如图 15-25 所示。

图 15-25

 step 5 得到的效果如图 15-27 所示。

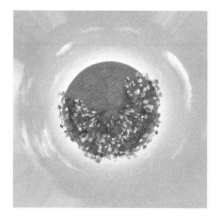

图 15-27

step 2 执行【图像】→【图像大小】菜单命令，取消【约束比例】链接，在【宽度】文本框中设置参数为 60 厘米，如图 15-24 所示。

图 15-24

step 4 执行【滤镜】→【扭曲】→【极坐标】菜单命令，在打开的对话框中选中【平面坐标到极坐标】单选按钮，如图 15-26 所示。

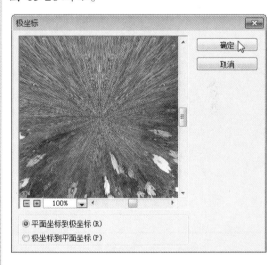

图 15-26

第15章 图像设计与制作案例解析

step 6　打开名为 6 的图像，将 5 拖入 6 素材中，按 Ctrl+T 组合键显示定界框，单击鼠标右键，在弹出的快捷菜单中选择【水平翻转】命令，如图 15-28 所示。

图 15-28

step 8　新建一个图层，设置【混合模式】为【柔光】，使用柔角画笔在球形边缘绘制黄色，形成发光效果，如图 15-30 所示。

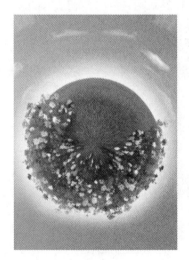

图 15-30

step 10　将"组 1"图层移至最上方，如图 15-32 所示。

step 7　得到的效果如图 15-29 所示。

图 15-29

step 9　新建一个图层，在画面上方涂抹蓝色，下方涂抹橘黄色，如图 15-31 所示。

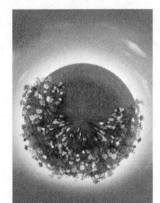

图 15-31

图 15-32

课后练习答案

第1章

1.7.1 思考与练习

1. 填空题

(1) 人像处理、包装设计、艺术文字、界面设计、绘制三维材质贴图

(2) 全新的图像资源生成功能、选择位于焦点中的图像区域、令人惊叹的防抖滤镜、实时3D绘画、更加出色的图形引擎

2. 判断题

(1) 错

(2) 对

3. 思考题

(1) 在Photoshop CC中打开一幅图像，单击【视图】菜单，在弹出的下拉菜单中选择【标尺】命令。

在图像文档窗口的顶部和左侧显示标尺刻度器，通过以上方法即可完成启动标尺的操作。

(2) 在Photoshop CC中打开一幅图像，单击【视图】菜单，在弹出的下拉菜单中选择【显示】命令，选择【网格】子命令。

图片上已经显示网格，通过以上方法即可完成使用网格的操作。

1.7.2 上机操作

(1) 启动Photoshop CC程序，单击【窗口】菜单，在弹出的下拉菜单中选择【工作区】命令，在弹出的子菜单中选择【动感】子命令。

工作区已经变为【动感】模式，通过以上步骤即可完成切换工作区的操作。

(2) 在Photoshop CC中打开一幅图像，单击【视图】菜单，在弹出的下拉菜单中选择【显示】命令，选择【切片】子命令。

图片上已经显示切片，通过以上方法即可完成显示切片的操作。

第2章

2.6.1 思考与练习

1. 填空题

(1) Ctrl、W

(2) +、−

2. 判断题

(1) 对

(2) 对

3. 思考题

(1) 启动Photoshop CC程序，单击【文件】菜单，选择【新建】命令。

弹出【新建】对话框，在【名称】文本框中输入名称，在【宽度】和【高度】文本框中输入数值，单击【确定】按钮，通过以上方法即可完成创建一个图像文件的操作。

(2) 启动Photoshop CC程序，单击【文件】菜单，选择【打开】命令。

弹出【打开】对话框，选择图像文件存放的位置，选择准备打开的图像文件，单击【打开】按钮，通过以上操作方法即可完成使用【打开】命令打开图像文件的操作。

2.6.2 上机操作

(1) 在Photoshop CC中打开一幅图像

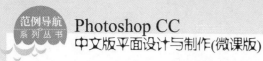

文件，在工具箱中单击【缩放工具】按钮，在图像文件中单击准备放大查看的图像。

图像已经被放大，通过以上方法即可完成使用缩放工具查看图像的操作。

(2) 单击【文件】菜单，在弹出的下拉菜单中选择【导出】命令，可以在弹出的子菜单中选择一些导出类型。

第3章

3.8.1 思考与练习

1. 填空题

(1) 分辨率

(2) 【当前大小】【宽度】【高度】

2. 判断题

(1) 对

(2) 错

3. 思考题

(1) 在 Photoshop CC 中打开图像文件，复制背景图层。

单击【编辑】菜单，在弹出的下拉菜单中选择【变换】命令，选择【透视】子命令。

图像四周出现定界框，将鼠标指针移至左上角位置的控制点上，指针变为 ▷ 形状时，单击并向右拖动鼠标。

按 Enter 键完成变换，通过以上步骤即可完成透视变换的操作。

(2) 在 Photoshop CC 中打开图像文件，在工具箱中单击【裁剪工具】按钮 ⏚，画面四周出现裁剪框。

将鼠标指针移至裁剪框上，根据需要单击并移动鼠标指针，按 Enter 键完成裁剪操作，可以看到图像已经被裁剪。

3.8.2 上机操作

(1) 在 Photoshop 中打开名为 18 和 19 的图像文件，使用移动工具将 19 素材拖入 18 素材中。

按 Ctrl+T 组合键，调出定界框，在图像上右击，在弹出的快捷菜单中选择【变形】命令。

图像上显示出变形网格，将四个角上的锚点拖曳到杯体边缘，使之与边缘对齐。

拖曳左右两侧锚点上的方向点，使图像向内收缩，再调整图像上面和底部的控制点，使图像依照杯子的结构扭曲，并覆盖住杯子。

按 Enter 键确认变换操作，在【图层】面板中将"图层 1"的【混合模式】设置为【柔光】，使贴图效果更加真实。

单击【图层】面板底部的【添加图层蒙版】按钮，为图层添加蒙版，使用柔角画笔工具在超出杯子边缘的贴图上涂抹黑色，用蒙版将其掩盖，按 Ctrl+J 组合键复制图层，使贴图更加清晰，将图层的不透明度设置为 50%。

通过以上步骤即可完成使用【变形】命令为杯子贴图的操作。

(2) 创建选区后，执行【编辑】→【拷贝】菜单命令，或者按 Ctrl+C 组合键，可以将选区中的图像复制到剪贴板中，然后执行【编辑】→【粘贴】菜单命令，或者按 Ctrl+V 组合键，可以将复制的图像粘贴到画布中，生成一个新的图层。

当文档中包含很多图层时，执行【选择】→【全部】菜单命令，或者按 Ctrl+A 组合键全选当前图像，然后执行【编辑】→【合并拷贝】菜单命令，或者按 Shift+Ctrl+C 组合键，将所有可见图层复制并合并到剪贴板中，最后按 Ctrl+V 组合键可以将合并复制的图像粘贴到当前文档或其他文档中。

第4章

4.8.1 思考与练习

1. 填空题

(1) 矩形、正方形

(2) 普通选区、羽化选区

2．判断题

(1) 错

(2) 对

3．思考题

(1) 创建选区后，执行【选择】→【修改】→【平滑】命令，打开【平滑选区】对话框，在【取样半径】文本框中输入数值，单击【确定】按钮，可以让选区变得更加平滑。

(2) 打开图像，双击背景图层，将其转换为普通图层，使用快速选择工具创建选区。

单击【编辑】菜单，在弹出的菜单中选择【描边】命令。

弹出【描边】对话框，在【宽度】文本框输入数值，设置描边颜色为白色，选中【居外】单选按钮，单击【确定】按钮。

按 Ctrl+D 组合键取消选区，通过以上步骤即可完成描边选区的操作。

4.8.2 上机操作

(1) 打开名为 10 的图像，单击【多边形套索工具】按钮，单击白色大门上的一点作为起始点，然后依次在大门上单击选择不同的点，最后汇合到起始点创建选区。

打开名为 11 的图像，按住 Ctrl 键使用鼠标拖曳选区至 11 素材中。

按 Ctrl+T 组合键显示定界框，调整门的大小，使其正好覆盖原来的门，按 Enter 键确认变换操作，通过以上步骤即可完成使用多边形套索工具创建选区的操作。

(2) 在 Photoshop 中打开名为 5 的图像，单击工具箱中的【矩形选框工具】按钮，按住 Shift 键在画面中单击并拖动鼠标创建圆形选区，同时按主空格键移动选区，使选区与唱片对齐。

在工具选项栏中单击【从选区减去】按钮，选中唱片中心的白色背景，将其排除到选区之外。

按 Ctrl+C 组合键复制图像，打开名为 6 的图像，Ctrl+V 组合键粘贴图像。

执行【图层】→【图层样式】→【投影】命令，打开【图层样式】对话框，为唱片添加投影效果，单击【确定】按钮。

单击【移动工具】按钮，按住 Alt 键拖曳唱片，再复制出一个。

第 5 章

5.6.1 思考与练习

1．填空题

(1) 【取样】【图案】

(2) 背景色、透明

2．判断题

(1) 对

(2) 对

3．思考题

(1) 打开名为 10 的图像，按 Ctrl+J 组合键复制背景图层，得到"图层 1"。

打开【路径】面板，按住 Ctrl 键单击"路径 1"缩览图，载入汽车车身选区。

单击【图案图章工具】按钮，在工具选项栏中设置模式为【线性加深】，打开图案下拉面板，打开面板菜单，打开【图案】命令，加载该图案库，选择【木质】图案。

在选区内单击并拖动鼠标涂抹，绘制图案，将工具的不透明度调整为 50%，选择【生锈金属】图案，在汽车前部绘制该图案。

按 Ctrl+D 组合键取消选区，通过以上步骤即可完成使用图案图章工具的操作。

(2) 打开名为 12 的图像，单击【涂抹工具】按钮，在工具选项栏中设置【强度】为 50%，在图像上单击并向右上方移动鼠标。

可以看到人物的下嘴唇已经被涂抹，在上嘴唇处单击并拖动鼠标向右下方移动，通

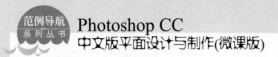
过以上步骤即可完成使用涂抹工具的操作。

5.6.2　上机操作

(1)　打开名为 4 的图像，单击【红眼工具】按钮，将光标放在红眼区域上，单击校正红眼。

使用相同方法去掉另一只眼睛的红眼。

(2)　打开名为 8 的图像，按 Ctrl+J 组合键复制背景图层，得到"图层 1"，单击背景图层的眼睛图标，隐藏背景图层。

单击【魔术橡皮擦工具】按钮，设置【容差】为 32，在背景上单击鼠标，擦除背景，可以看到人物的额头、面颊和下巴也被删除了部分图像。

单击背景图层的眼睛图标，显示背景图层并选择背景图层，使用套索工具选中缺失的图像。

按 Ctrl+J 组合键将选中的图像复制到一个新图层中。

按 Ctrl 键将"图层 1"和"图层 2"选中，打开名为 9 的图像，将两个图层拖入 9 图像中，通过以上步骤即可完成使用魔术橡皮擦工具的操作。

第 6 章

6.6.1　思考与练习

1. 填空题

(1)　色调分离

(2)　反相

2. 判断题

(1)　错

(2)　错

3. 思考题

(1)　打开名为 17 的图像，执行【图像】→【调整】→【曲线】命令，打开【曲线】对话框，设置【预设】为【反冲】，单击【确

定】按钮。

通过以上步骤即可完成使用【曲线】命令调整图像的操作。

(2)　打开名为 22 的图像，执行【图像】→【调整】→【自然饱和度】命令，打开【自然饱和度】对话框，设置参数，单击【确定】按钮。

通过以上步骤即可完成使用【自然饱和度】命令调整图像的操作。

6.6.2　上机操作

(1)　打开名为 12 的图像，执行【图像】→【自动颜色】命令，图像色调已经发生改变。

(2)　打开名为 26 的图像，执行【图像】→【调整】→【通道混合器】命令，打开【通道混合器】对话框，设置参数，单击【确定】按钮。

可以看到【颜色】色块显示吸取的颜色。

第 7 章

7.7.1　思考与练习

1. 填空题

(1)　HSB、Lab、CMYK

(2)　加光模式、Red(红色)、Blue(蓝色)

2. 判断题

(1)　对

(2)　对

3. 思考题

(1)　打开名为 3 的图像，单击【油漆桶工具】按钮，在工具选项栏中将【填充】设置为【前景】，【容差】设置为 32，在【颜色】面板中调整前景色的 RGB 数值。

在狗狗的眼睛、鼻子和衣服上单击，填充前景色，使用相同方法为其他部分填色。

设置前景色 RGB 为 255、198、210，

填充背景部分，然后在工具选项栏中将【填充】设置为【图案】，选择一个图案，在背景上单击填充图案。

执行【编辑】→【渐隐有系统】命令，打开【渐隐】对话框，设置【模式】为【叠加】，【不透明度】为100%，单击【确定】按钮，通过以上步骤即可完成使用油漆桶工具填充颜色的操作。

(2) 打开名为5的图像，使用魔棒工具选择背景。

按 Shift+Ctrl+I 组合键反选，选中人物，单击【图层】面板底部的【创建新图层】按钮，新建一个图层。

执行【编辑】→【描边】命令，弹出【描边】对话框，设置参数，单击【确定】按钮。

按 Ctrl+D 组合键取消选区，在工具选项栏中设置魔棒工具的【容差】为30，勾选【对所有图层取样】复选框，在人物眼睛、身上单击创建选区。

新建一个图层，设置前景色 RGB 数值为242、206、192，按 Alt+Delete 组合键为选区填充前景色。

设置前景色为洋红，执行【编辑】→【描边】命令，弹出【描边】对话框，设置参数，单击【确定】按钮。

在背景图层上方新建一个图层，填充白色，用该图层隐藏人像，只显示描边内容。

单击【图层】面板中的【锁定透明像素】按钮，将前景色设置为粉色(255、213、231)，使用画笔工具将人物头顶的黑线涂成粉色。

打开名为6的图像，使用移动工具将其拖入5图像中，调整位置。

7.7.2　上机操作

(1) 打开名为1的图像，单击【默认前景色和背景色】按钮，将前景色设置为黑色，背景色设置为白色，单击【吸管工具】按钮，将光标放在图像上，单击鼠标可以显示一个取样环，此时可拾取单击点的颜色并将其设置为前景色。

(2) 打开名为4的图像，单击【渐变工具】按钮，在选项栏中单击【线性渐变】按钮，单击【点按可编辑渐变】按钮。

打开【渐变编辑器】对话框，在【预设】区域选择一种渐变样式，设置渐变条上的色标颜色RGB数值从左到右依次为白色(255、255、255)、浅蓝(106、192、246)、深蓝(17、54、91)，单击【确定】按钮。

按住 Shift 键单击并拖动鼠标，填充渐变，通过以上步骤即可完成使用渐变工具的操作。

第8章

8.8.1　思考与练习

1. 填空题

(1) 中性色图层

(2) 图层蒙版

2. 判断题

(1) 对

(2) 错

3. 思考题

(1) 如果要合并两个或多个图层，可在【图层】面板中将它们选中，然后执行【图层】→【合并图层】命令，合并后的图层使用上面图层的名称。

(2) 打开名为2的图像，在【图层】面板中选中"图层1"至"图层4"，执行【图层】→【对齐】→【顶边】命令，选中图层按顶边对齐。

8.8.2　上机操作

(1) 如果要为图层添加图层样式，可以先选中这一图层，然后执行【图层】→【图层样式】命令，在子菜单中选择一个效果命令，打开【图层样式】对话框，并进入到相应效果的设置面板。

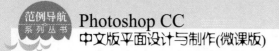
(2) 打开名为 2 的图像，在【图层】面板中选中"图层 1"至"图层 4"，执行【图层】→【分布】→【垂直居中】命令，选中图层按垂直居中分布。

第 9 章

9.7.1 思考与练习

1. 填空题

(1) 自动换行

(2) 路径文字

2. 判断题

(1) 错

(2) 对

3. 思考题

(1) 打开名为 2 的图像，在工具选项栏中设置字体、字号和颜色，在图像中单击并向右下方拖动鼠标，绘制定界框。

在定界框内输入内容，即可完成创建段落文字的操作。

(2) 打开名为 6 的图像，单击【钢笔工具】按钮，在工具选项栏中选择【路径】选项，沿手的轮廓绘制一条路径。

单击【横排文字工具】按钮，在工具选项栏中设置字体、大小和颜色，在路径上定位光标，使用输入法输入内容。

9.7.2 上机操作

(1) 打开名为 8 的图像，单击【横排文字工具】按钮，设置字体、大小和颜色。

输入内容，选中$符号，单击【字符】面板中的【上标】按钮。

选中最后两个数字 0，单击【字符】面板中的【上标】按钮，再单击【下划线】按钮。

按 Ctrl+Enter 组合键结束编辑，双击文字图层，打开【图层样式】对话框，添加【描边】效果。

双击文字图层，打开【图层样式】对话框，添加【外发光】效果。

(2) 打开名为 1 的图像，单击【直排文字工具】按钮，在工具选项栏中设置字体、大小和颜色，定位光标。

输入内容，选择移动工具，移动文字至适当位置。

第 10 章

10.9.1 思考与练习

1. 填空题

(1) 颜色信息、图像信息

(2) 剪贴蒙版、图层蒙版

2. 判断题

(1) 对

(2) 对

3. 思考题

(1) 打开一幅图像，在【通道】面板中单击【创建新通道】按钮，即可创建一个 Alpha 通道。

(2) 打开名为 9 的图像，在背景图层上方创建一个名为"图层 2"的新图层，并将"图层 1"隐藏。

单击【自定形状工具】按钮，在工具选项栏中选择【像素】选项，选择【红心】形状，在图像上绘制形状。

选择并显示"图层 1"，执行【图层】→【创建剪贴蒙版】命令，将该图层与下方的图层创建一个剪贴蒙版组。

双击"图层 2"打开【图层样式】对话框，添加【描边】效果。

在"组 1"图层的眼睛图标处单击，显示该图层。

10.9.2　上机操作

（1）打开名为 4 和 5 的图像，使用移动工具将 5 拖入 4 图像中，生成"图层 1"，设置不透明度为 30%。

按 Ctrl+T 组合键调出定界框，按住 Ctrl 键拖曳定界框四周的控制点对图像进行变形，使汽车的透视角度与鼠标相符。

按 Enter 键完成变换，单击【图层】面板中的【添加图层蒙版】按钮，为图层添加蒙版。

将"图层 1"的不透明度调整为 100%，将前景色设置为白色，在车轮处涂抹，使车轮处被隐藏的图像显示出来。

按住 Ctrl 键单击图层蒙版缩览图，载入选区。

执行【图层】→【新建调整图层】→【色彩平衡】命令，创建"色彩平衡"调整图层，设置参数，通过以上步骤即可完成创建图层蒙版的操作。

（2）打开名为 8 的图像，在【图层】面板中选择"图层 1"。

单击【自定形状工具】按钮，在工具选项栏中选择【路径】选项，选择【红心形卡】形状，在图像上绘制形状。

按住 Ctrl 键单击【创建图层蒙版】按钮，即可基于当前路径创建矢量蒙版。

第 11 章

11.8.1　思考与练习

1. 填空题

（1）钢笔工具、形状工具
（2）开放式路径、闭合式路径

2. 判断题

（1）错
（2）对

3. 思考题

（1）打开名为 2 的图像，使用魔棒工具

单击背景图像，按 Shift+Ctrl+I 组合键反选选区，选中小鸭子。

在【路径】面板中单击【从选区生成工作路径】按钮，选区已经变为路径，通过以上步骤即可完成从选区建立路径的操作。

（2）打开名为 1 的图像，单击【自由钢笔工具】按钮，在工具选项栏中勾选【磁性的】复选框，在画面中单击并拖动鼠标即可绘制路径，Photoshop 会自动为路径添加锚点。

将光标移至起点，创建闭合路径，通过以上步骤即可完成使用磁性自由钢笔工具的操作。

11.8.2　上机操作

（1）使用自定形状工具绘制一个路径，设置前景色为红色，在【路径】面板中单击【用画笔工具描边】按钮，路径已经被描边，通过以上步骤即可完成描边路径的操作。

（2）选中面板中的路径，单击【将路径作为选区载入】按钮，通过以上步骤即可完成从路径建立选区的操作。

第 12 章

12.9.1　思考与练习

1. 填空题

（1）摄影器材、插件模块
（2）分层云彩

2. 判断题

（1）对
（2）错

3. 思考题

（1）打开名为 1 的图像，按 Ctrl+J 组合键复制背景图层，然后执行【滤镜】→【风格化】→【查找边缘】命令。

在【路径】面板中单击【从选区生成工

作路径】按钮，选区已经变为路径，通过以上步骤即可完成从选区建立路径的操作。

按 Ctrl+J 组合键复制出"图层 1 拷贝"图层，设置该图层的【混合模式】为【正片叠底】。

复制背景图层，将复制出的图层放置在最上层，单击【添加图层蒙版】按钮，将蒙版填充为黑色，然后使用白色柔边画笔工具在建筑上涂抹。

在最上层创建一个名为"白边"的图层，设置前景色为白色，单击【渐变工具】按钮，设置一个前景色到透明的渐变，单击【径向渐变】按钮，勾选【反向】复选框。

为图像添加从建筑中心到边缘的径向渐变。

(2) 打开图像，执行【滤镜】→【扭曲】→【极坐标】命令，弹出【极坐标】对话框，设置参数，单击【确定】按钮，可以看到图像已经应用了【极坐标】滤镜。

12.9.2 上机操作

(1) 打开图像，执行【滤镜】→【渲染】→【镜头光晕】命令，弹出【镜头光晕】对话框，设置参数，单击【确定】按钮，可以看到图像已经应用了【镜头光晕】滤镜。

(2) 打开图像，执行【滤镜】→【模糊】→【动感模糊】命令，弹出【动感模糊】对话框，设置参数，单击【确定】按钮，可以看到图像已经应用了【动感模糊】滤镜。

第 13 章

13.4.1 思考与练习

1. 填空题

(1) 动作组、动作

(2) 【停止播放/记录】

2. 判断题

(1) 对

(2) 对

3. 思考题

(1) 打开名为 1 的图像，打开【动作】面板，单击【创建新组】按钮，打开【新建组】对话框，输入名称，单击【确定】按钮，新建一个动作组。

单击【创建新动作】按钮，打开【新建动作】对话框，设置参数，单击【记录】按钮。

开始录制动作，此时面板中的【开始记录】按钮会变为红色。

按 Ctrl+M 组合键，打开【曲线】对话框，在【预设】下拉列表框中选择【反冲】选项，单击【确定】按钮。

该命令已经记录为动作，按 Shift+Ctrl+S 组合键，将文件另存。单击【动作】面板中的【结束录制】按钮，完成动作的录制。

(2) 执行【动作】面板菜单中的【回放选项】命令，打开【回放选项】对话框，在对话框中可以设置动作的播放速度或者将其暂停，以便对动作进行调试。

13.4.2 上机操作

(1) 执行【文件】→【自动】→【批处理】命令，打开【批处理】对话框，在【源】区域单击【选择】按钮。

弹出【浏览文件夹】对话框，选择准备进行批处理的文件所在位置，单击【确定】按钮。

返回【批处理】对话框，在【目标】下拉列表框中选择【文件夹】选项，单击【选择】按钮。

弹出【浏览文件夹】对话框，选择处理后的文件保存位置，单击【确定】按钮。

返回【批处理】对话框，单击【确定】按钮，即可完成批处理文件的操作，打开文件保存的文件夹，即可查看批处理效果。

(2) 打开名为 3 的图像，单击【自定形状工具】按钮，在工具选项栏中选择【路径】选项，在形状下拉面板中选择太极图形，在画面中绘制该图形。

在【动作】面板中选择【USM 锐化】动作，执行面板菜单中的【插入路径】命令。

可以看到在【USM 锐化】动作下方已经插入了【设置 工作路径】动作。

第 14 章

14.4.1 思考与练习

1. 填空题

(1) 用户切片、基于图层的切片

(2) 有损

2. 判断题

(1) 错

(2) 对

3. 思考题

(1) 在工具箱中单击【切片工具】按钮，在工具选项栏中的【样式】下拉列表框中选择【正常】选项，在要创建切片的区域单击并拖出一个矩形框，放开鼠标创建一个用户切片，它以外的部分会生成自动切片。

(2) 打开名为 2 的图像，按 Ctrl+R 组合键显示标尺，分别从水平标尺和垂直标尺上拖出参考线，定义切片的范围。

单击【切片工具】按钮，在工具选项栏上单击【基于参考线的切片】按钮，即可基于参考线的划分方式创建切片。

14.4.2 上机操作

(1) 执行【文件】→【存储为 Web 所用格式】命令，打开【存储为 Web 所用格式】对话框，设置输出格式为 JPEG，单击【确定】按钮。

(2) 打开名为 3 的图像，在【图层】面板中选择"图层 1"。

单击【图层】菜单，选择【新建基于图层的切片】命令，Photoshop 已经基于图层创建了切片。